JN016140

マイクロＥＶの造り方から学ぶ 電動車の本質

ＥＶの教科書

松村修二

マイクロＥＶの第一人者が基本を伝授

日経BP

はじめに

地球規模での環境問題で電気自動車（EV）が大きく注目されているのは周知の通りです。EV の歴史は古く、ガソリンエンジン車（以下、ガソリン車）よりも早く出現していますが、さまざまな課題がありガソリン車に比べて普及が遅れていました。しかしここに来て、市場原理から脱却し公共を優先した政府主導型に移行したことにより、大きく変化しようとしています。地球温暖化対策のためには、二酸化炭素を排出するガソリン車に代わって EV にするという法律的な規制を設けようとしている動きが加速しています。

本書の目的は、皆さんに EV に関する知識を深めてもらうことですが、単に情報として知識を提供しても身に付かないのではないかと思いました。そこで本書では、EV を造る立場からアプローチし、EV の本質を知ってもらうことで知識をしっかり身に付けてもらおうと計画しました。

そこで、本書は超小型 EV（以下、マイクロ EV）を題材にし、EV の本質を分かりやすく解説しました。第 1 章では EV を取り巻く情勢やマイクロ EV の位置付けについて述べます。

第 2 章から第 9 章までは題材としたマイクロ EV〔「Mag-E1（マギー1）」と命名〕の製作過程を詳細に述べます。ステアリングやサスペンションなどのクルマとしての基本性能の造り込みや電装関係の記述が主な内容となります。

第 10 章ではマギー1 とは若干異なった造り方をした例を紹介します。電動バイク 2 台から成る 2 人乗りの EV で外板の造り方がマギー1 とは異なります。第 11 章では複数台の EV の造り方を紹介します。前述の 2 例は 1 台のみの製作方法の紹介でありましたが、EV の実用化には複数台造る必要があります。1 台か複数台かでは外板の型をオス型にするかメス型にするかの違いが生じます。

第 12 章ではマイクロ EV の応用と展開について述べます。EV のユニット化やマイクロ EV のパワーユニットを複数台使った電動バスなども紹介します。

本書はマイクロ EV の造り方を解説したものです。クルマづくりに必要な主要部分は本格的な EV（一般の乗用 EV）と共通するところがあります。EV の造り方にはいろいろな方法がありますが、ここではできるだけ手作りで製作した例を紹介します。市販の部品を購入して造る方が効率的ですが、クルマづくりの本質を知る上では全てを手作りする経験が有効です。EV は制御回路を組み込みやすく、ショッピングモールでの室内乗用や空港での自動運搬、屋根付きシニアカー、病院での構内運搬、高齢者用コミューターなど、次世代の乗り物として広い範囲での応用が可能です。このような観点から EV の造り方を知っておくことは有益なことだと思います。本書が、EV の本質を理解する上で皆さんの役に立てば幸いです。

松村修二

第4章 走行性能構想

第5章 主要部分の構想および検討

第8章 フレーム・足回り・機能部品の製作と組み付け

第9章

FRPボディーの製作

appendix
付録

第1章

実用化が進むマイクロEV

第1章 実用化が進むマイクロEV

1.1 カーボンニュートラルで変わる世界

世界が2050年にカーボンニュートラル（温暖化ガスの排出量実質ゼロ）を実現するという共通の目標に向けて歩み始めました。温暖化ガス、中でも温室効果が高いといわれる二酸化炭素（CO_2）の排出量の抑制や削減は、企業がビジネスを行う上での必須条件であり、前提条件となりました。まさに、地球規模でCO_2の排出を抑えることが喫緊の課題となっているのです。

気候変動に関する政府間パネル（IPCC；Intergovernmental Panel on Climate Change）の報告書によると、1880年から2012年にかけて世界の平均気温は約0.85℃上昇しました。また、今後21世紀末までに、世界の平均気温は現在と比べて最大4.8℃上昇する可能性があると予測しています。こうした背景から2015年にパリ協定（国連気候変動枠組条約第21回締約国会議；COP21）が採択され、産業革命からの平均気温の上昇を2℃未満に保ちつつ、1.5℃に抑える努力を追求することを世界の目標として定めました。

既に世界の平均気温は産業革命前から1℃上昇しており、異常気象による河川の氾濫や土砂災害などが多発しています。従って、温暖化の進行を食い止めるためには、1.5℃を目指してCO_2排出量を減少させていくと同時に、CO_2を吸収、あるいは回収するネガティブ・エミッション技術も必要となります。

日本における CO_2 の排出量は世界第5位です。その内訳を見ると、自動車の CO_2 排出の割合が15％以上を占めています。加えて、地球温暖化問題に関連してエネルギーの消費を抑えることも重要な責務です。この問題を解決、もしくは緩和する可能性を持つ選択肢の1つに電気自動車（EV）、中でも小型 EV があります。

1.2　EV の可能性　走行時の CO_2 排出量が少ない

EV にはいくつかの課題がありますが、内燃機関を搭載した自動車（エンジン車）と比べて、環境対応やエネルギーの多様化の点で非常に優れています。

EV の最大の利点としては、多くの書物などで取り上げられている通り、CO_2 排出量の少なさが挙げられます。走行時の排出量はゼロです。

もちろん、商品化する際には発電時や電池製造時の CO_2 排出量も考慮しなければなりません。ただ、原料の調達から廃棄・リサイクルに至るまでのライフサイクル全体にわたって環境負荷を定量的に算定する LCA（ライフサイクルアセスメント）での比較は、車両の使用年数や製造方法など複雑な計算が必要になります。また、そもそも電力をどのように生み出すか――化石燃料を使う火力発電なのか、太陽光や風力などを使う再生可能エネルギーなのか――によっても、計算が大きく異なってしまいます。そこで、ここでは走行時に必要なエネルギーから求めた CO_2 排出量に絞って比較してみましょう。

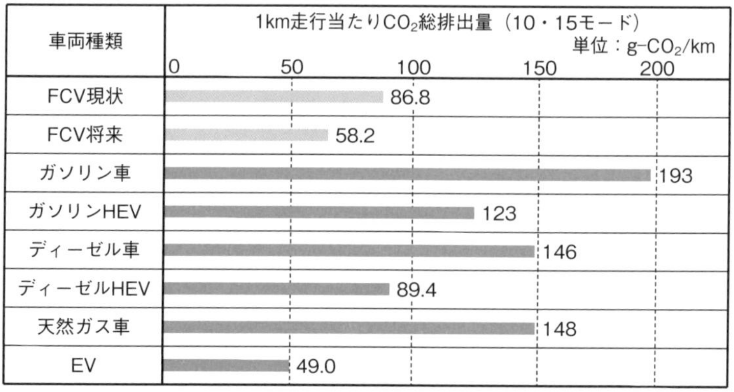

車両種類	1km走行当たりCO_2総排出量（10・15モード）単位：g-CO_2/km
FCV現状	86.8
FCV将来	58.2
ガソリン車	193
ガソリンHEV	123
ディーゼル車	146
ディーゼルHEV	89.4
天然ガス車	148
EV	49.0

【FCV現状】水素ステーション・FCVデータ：JHFC実証結果トップ値、その他データ：文献トップ値
【FCV将来】FCVの将来FCシステム効率60%と文献トップ値
【電力構成】日本の平均電源構成

図 1-1 ●乗用車の 1km 走行当たりの Well to Wheel における CO_2 総排出量
（出所：JHFC）

図 1-1 は、日本自動車研究所が「水素・燃料電池実証プロジェクト（JHFC；Japan Hydrogen & Fuel Cell Demonstration Project）」報告で示した、Well to Wheel（油田からタイヤを駆動するまで）において1km 走行当たりの車両の CO_2 総排出量（10・15 モード）の比較です。これによれば、EV（BEV；バッテリーEV）の CO_2 総排出量は、ガソリンエンジン車（以下、ガソリン車）のそれの約 1/4 となっています。

図 1-2 は、同じく Well to Wheel において、車両が 1km 走るのに必要な 1 次エネルギー投入量の比較を示したものです。1 位が EV（BEV）で、2 位が将来的な燃料電池車（FCV 将来）、3 位がディーゼルハイブリット車（HEV）です[*1]。ここで将来的な FCV とは、電池効率が現在よりも 20 %改善した場合を想定しています。CO_2 総排出量の比率と**エネルギー投入量**の比率が若干異なるのは、燃料によって CO_2 排出量が異

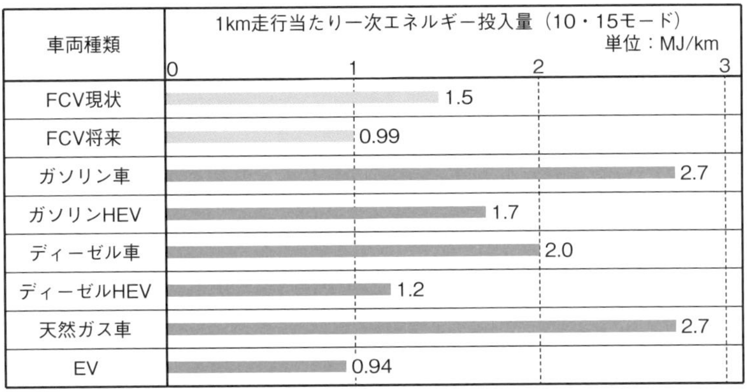

車両種類	1km走行当たり一次エネルギー投入量（10・15モード） 単位：MJ/km
FCV現状	1.5
FCV将来	0.99
ガソリン車	2.7
ガソリンHEV	1.7
ディーゼル車	2.0
ディーゼルHEV	1.2
天然ガス車	2.7
EV	0.94

【FCV現状】水素ステーション・FCVデータ：JHFC実証結果トップ値、その他データ：文献トップ値
【FCV将来】FCVの将来FCシステム効率60％と文献トップ値
【電力構成】日本の平均電源構成

図1-2●乗用車の1km走行当たりのWell to Wheelにおけるエネルギー投入量
（出所：JHFC）

なるためです。

ガソリン車と比較してEVのエネルギー効率が良い理由としては、火力発電時の燃焼効率がエンジン内での燃焼効率よりも優れていることや、EV走行時に回生エネルギーが利用できることなどが挙げられます[*2]。加えて、EVの電源は火力発電だけではなく、自然エネルギー（再生可能エネルギー）を利用できるという大きなメリットもあります。日本は今、再生可能エネルギーの割合を増やす方向で動いているため、将来的にはさらにCO_2排出量を減らせる可能性があります。電気事業連合会によれば、日本の電源構成（電気を作る方法の割合）は現在、化石燃料による発電が約76％を占めています（2019年度）。世界平均は64％で、カナダなどは24％となっています。これは、日本にとって再生可能エネルギーを増やせる余地が大きいと見ることができます。

1.3 世界のEVシフト

EVがCO_2削減に有効な手段の1つであることから世界各国でガソリン車からEVへの移行政策がとられるようになってきました。欧州をはじめ、世界最大の自動車市場を誇る中国や米国カリフォルニア州などが、ガソリン車やディーゼルエンジン車（ディーゼル車）の新車販売を2030〜40年にかけて禁止する政策を打ち出してきました。英国政府はさらに、これまでの計画を5年早めて、2030年にガソリン車とディーゼル車の新規販売を禁止するとし、HEV車に関しても2035年以降の販売禁止を打ち出しています。温暖化ガスの排出量を2050年までに実質ゼロにするために、EVの普及を推進しているのです。

中国政府は2035年をめどに新車販売の全てを環境対応車にする方向で検討しています。ガソリン車は全てHEVにし、その他はEVを柱とする新エネルギー車とするというものです。なお、**新エネルギー車**とは、具体的にはプラグインHEV（PHEV）とEV、FCVを指しています。

日本も2035年をめどにガソリン車とディーゼル車の販売を禁止する動きを示しています。

各国がエンジン車の販売を禁止しても、販売を認めるのはEVだけとは限りません。HEVを含むケースもありますが、詳細は各国で異なります。

EVは歴史的にはガソリン車よりも早く出現したにもかかわらず、世の中の諸事情によって、これまで消えたり復活したりを繰り返してきました。近年になって当初は環境問題と併せて、市場原理でEVの普及が

〈参考〉2019年新車乗用車販売台数：430万台

	2019年（新車販売台数）	2030年
従来車	60.8％（261万台）	30〜50％
次世代自動車	39.2％（169万台）	50〜70％
ハイブリッド車	34.2％（147万台）	30〜40％
電気自動車 プラグインハイブリッド車	0.49％（2.1万台） 0.41％（1.8万台）	20〜30％
FCV	0.02％（0.07万台）	〜3％
クリーンディーゼル車	4.1％（17.5万台）	5〜10％

図1-3●日本の次世代自動車の普及目標と現状
（出所：経済産業省）

試みられてきました。しかし、課題が露見し、計画通りの普及には至っていません。しかし、地球規模での温暖化問題が深刻になり、世界がカーボンニュートラルの実現という目標を掲げた現在、EVの普及は市場原理から政府主導型に大きく転換しつつあります。今後のEV戦略はこの変化を見逃してはいけません。

図1-3に経済産業省が発表した次世代自動車の普及目標と現状を示します。HEVは普及が進んでいますが、EVはかなり遅れていることが分かります。

EVの普及が進まない理由として次の要因が考えられます。

・充電時間が長い

・1回の充電当たりの航続距離が短い

・2 次電池価格が高いため車両価格も高くなる
・充電インフラの不足

このうち充電インフラの問題を除けば、全て2次電池の性能に依存する問題です。安価でエネルギー密度が高く急速充電に優れた 2 次電池が存在すれば、短い充電時間で長い距離が走れる安価な EV が実現します。このような 2 次電池の開発は多くの研究機関で進められており、全固体電池などへの期待が高まっています。

現在の 2 次電池で EV にガソリン車並みの性能を求めるのは若干無理があります。当面は HEV がその役割を担うでしょう。しかし、これはあくまでも現在の 2 次電池を想定した場合の評価です。革新的な 2 次電池が出現すれば、状況は大きく変わります。

1.4 カーボンニュートラル時代に適した超小型 EV

こうした状況下でも EV には大きなメリットがあり、期待は高まる一方です。EV の最大のメリットは再生可能エネルギーが使えることです。他にも、構造がシンプルである、家庭で充電できる（ガソリン車とは違って給油所に行く必要がない）、電気的な制御がしやすい、走行時に排出ガスを出さない、ランニングコストが低いなどの多くのメリットがあります。

EV は使い方によってはこれらの長所を最大限に生かせます。その 1 つの解が、小さな EV です。国土交通省の調査によると、自動車による移動距離は10km以内が7割で、乗車人数は2人以下が大半です。現在走っているクルマの多くはオーバースペック（過剰性能）なのです。通勤や業務に使うクルマであれば1日の走行距離は決まっており、ほぼ1人乗車です。従って、小さなEVに必要な容量のみの電池を搭載すれば、手頃な価格で利用することができます。

加えて、小さなEVはエネルギー消費量が少なく、それに伴ってCO_2排出量も少なくて済みます（走行中はゼロ）。こうしたさまざまな観点からマイクロEVが有効なことが分かります。

本書は環境にやさしい乗り物はどうあるべきかを念頭に、元自動車会社の技術者数人で試作した超小型（マイクロ）EV〔「Mag-E1（マギー1)」と命名〕を題材にEVの作り方を解説したものです。

本格的なEVは既に自動車メーカーが量産しており、その設計製作方法は他書に譲ります。ここでは「誰でも作れるマイクロEV」の具体的な作り方を紹介し、作り方を学ぶことによって、EVについての理解を深めてほしいと思います。

マギー1はシャシーを新材料〔難燃性マグネシウム（Mg)〕で製作したため、モーター以外の全ての部品を手作りしました（モーターには中国の電動バイクのインホイールモーターを使用)。車体は発泡材で実物大のマスターモデルを作り、その上から繊維強化樹脂（FRP）を貼り込んで、不要部分をくりぬいて完成させました。今回は、こうした大掛かりな設備を使わずに、ほぼ手作りでマイクロEVを製作する方法を記しました。その気になれば誰でも作れるEVです。

本書の主な内容は、マギー1の設計と製作方法ですが、このような作り方以外にも多くの作り方が存在します。参考のために、筆者らが関わったその他の製作方法も簡単に紹介します。1つは既存の電動バイクを2台つなぎ合わせて4輪にしたものです。車体は木材を骨組みにし、その上から部分ごとにFRPを被(かぶ)せて整形しました。もう1つは一部の製作を業者に依頼し、複数台のマイクロEVを製作した例です。

マイクロEVは、カーボンニュートラル時代に適した新しいモビリティーです。シンプルではありますが、基本的な構造は本格的なEVと変わりません。また、「作り方を知る」や「実際に作る」という切り口でEVを学ぶことは、EVの理解を深めるのに役立つだけではなく、多くの人の興味を引くと自負しています。

＊1　報告書ではWell to Wheelでの比較としているが、図1-2に記述されているように電力構成は日本の平均電源構成であることに注意したい。

＊2　EVのエネルギー源を原油からの火力発電とした場合のエネルギー効率はガソリン車と比較して約2倍である。ガソリン車の効率が悪い主な要因は、**車両効率**（車両による総駆動仕事／車両への投入エネルギー）と呼ばれる値がEVに比べてかなり低いことである。近年のガソリン車は燃焼効率がかなり改善されて40％近いとされているが、実際の走行時の効率を示す車両効率では15％近くまで下がってしまう。これに対し、EVはモーターの特性から走行時でも効率の高い領域でエネルギーを使うことができる（詳細は第7章を参照）。

第2章 基本構想

第2章 基本構想

一般に製品開発は商品企画からスタートし、適用法規などを確認しながらデザイン企画や技術構想、構想図作成、設計図面作成、試作を経て生産に到達します。本章ではそれぞれのプロセスを順を追って説明します。「EV の設計と製作」に焦点を絞り、それ以外のプロセスは簡単に概要を記述するだけにとどめます。

2.1 商品企画

商品の性格や市場でのポジショニングなど、仕向け地（販売市場）や、ターゲットカスタマー、ブランド上の役割の位置付けなどを検討して商品企画を実施します（図 2-1）。特に原価構成や販売予測、収益構成、設備投資規模、品質体制、サービス体制などの検討結果が重視されます。

商品コンセプトの内容は、市場状況や商品の戦略的位置付け、商品の狙い、商品の特徴、商品化の時期・販売価格、生産設備などの調査を明確にすることがポイントとなります。

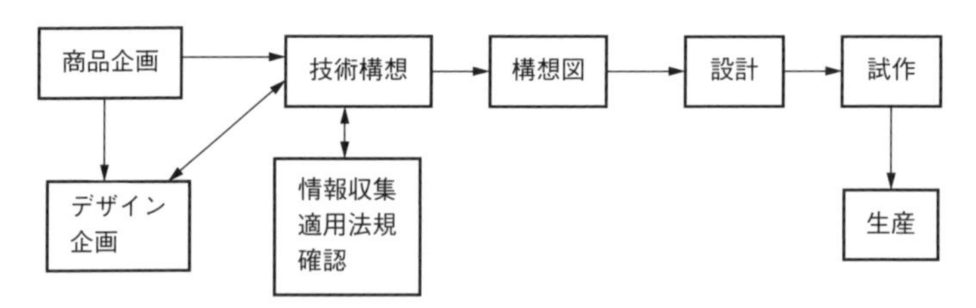

図 2-1 ●製品開発のプロセス
（出所：筆者）

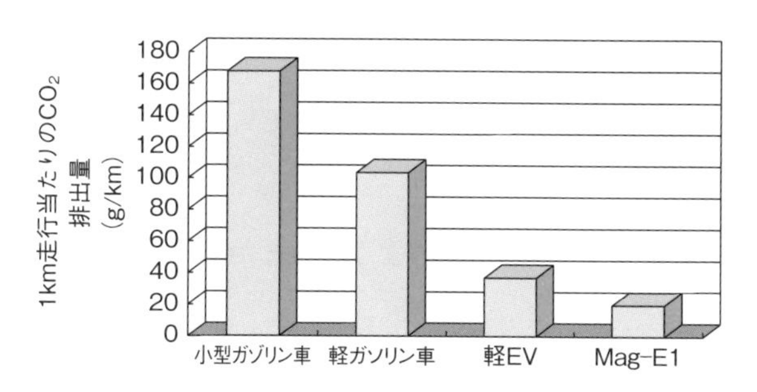

図 2-2 ●マイクロ EV の CO_2 排出量の比較
(出所：筆者)

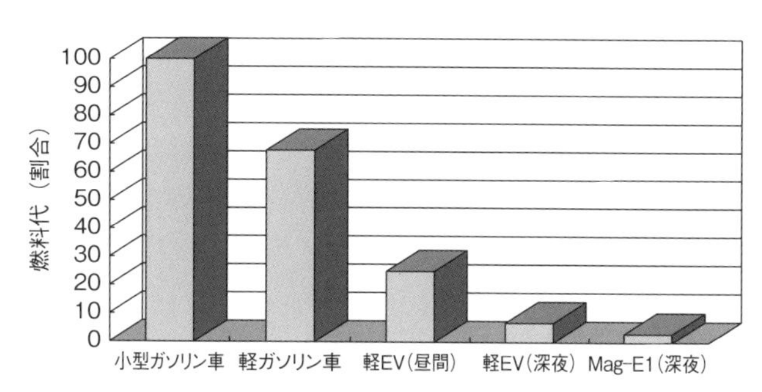

図 2-3 ●マイクロ EV の経済性の比較
(出所：筆者)

今回の企画では環境問題を念頭に二酸化炭素（CO_2）排出量が少ない超小型 EV（以下、マイクロ EV）をターゲットにしました。図 2-2 は、ガソリンエンジン車（以下、エンジン車）の小型車と軽自動車、EV の軽自動車、マイクロ EV「Mag-E1（マギー1)」で、1km 走行当たりの CO_2 排出量を比較したものです。マイクロ EV の CO_2 排出量は、一般的なガソリン車と比較すると約 1/8 であることが分かります。

経済性にも優れています。図 2-3 は、小型エンジン車を 100 として、各車両の燃料代の割合を示したものです。マギー1 の燃料代は、小型ガソリン車の約 1/30 となっています。図中の「(昼間)」は昼間電力料金を、「(深夜)」は深夜電力料金を使って計算しています。このように多くの利点があるにもかかわらず、マイクロ EV は現時点では普及してないのが現状です。

その原因を調べてみると以下のようなことが挙げられます。

・外観デザインが良くない。
・パワーが不足している。
・性能の割に値段が高い。
・1人しか乗れない。

これらの問題を解消すべく商品コンセプトを以下のようにしました。

・「EVに乗ることに高い満足感を覚える個性的なタウンユースビジネスカー」を開発コンセプトとする。
・原付自転車、1人乗りビジネスカーとして洗練されたイメージのクルマとする。
・スタイリングはワイドなトレッド、ロングホイールベースによる安定感のある基本フォルムをベースに、優れた走行性能と質感を高める。
・イメージコアとしては30代後半の主婦や中距離通勤者、高齢者、公共的ビジネスカーなどの活動的なユーザーをターゲットにする。
・できる限り室内寸法を確保して快適な居住性を実現するとともに、操縦安定性やブレーキ性能などに関して総合的にアクティブセーフティーを有するクルマとする。

また、開発戦略のポイントとして重視したのは以下の通りです。

・1人乗り、原付自転車の範ちゅうとし、EV市場に画期的なポジショニングを確立する。
・商品の差別化戦略として車体の全高と全幅、ホイールベースのバランスを取るとともに、魅力的なスタイリングデザインを実現する。
・EVの軽量化を徹底的に図り、差異化のポイントとする。

2.2 デザイン企画

これらの企画を受けて、デザイン部門は「デザイン企画」を開始します。デザイン部門の独自の立場からデザイントレンドや市場環境、仕向け地別カスタマーテイストなど、マーケティング要件を加味し、デザイン戦略を立てて具体的な方向性を提示します。この方向性は「デザインコンセプト」として、開発の指針となります（図2-4〜2-13）。

図2-4●マイクロEVのオーソドックスなデザイン
（出所：筆者）

図 2-5 ●レトロ調をイメージしたデザイン（その 1）
（出所：筆者）

図 2-6 ●レトロ調をイメージしたデザイン（その 2）
（出所：筆者）

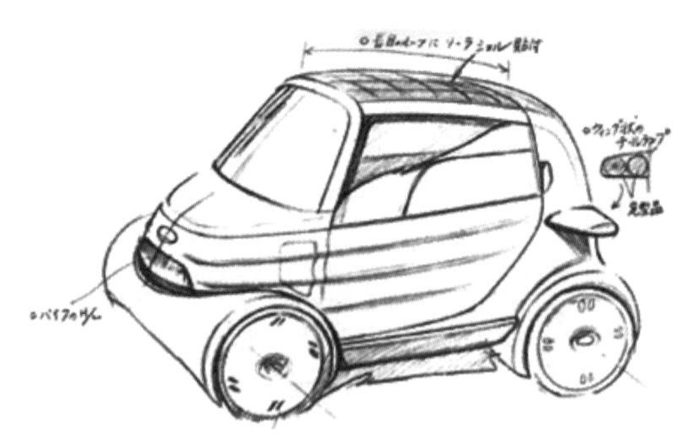

図 2-7 ●ソーラーパネルをルーフに乗せたデザイン検討
（出所：筆者）

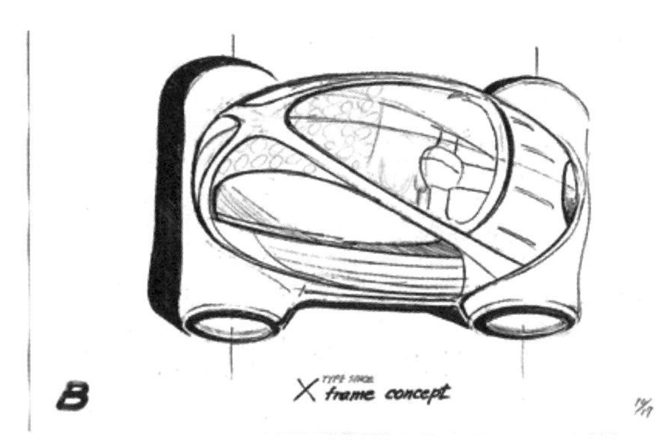

図 2-8 ●ルーフのフレームを X にした構造
(出所：筆者)

図 2-9 ●未来型イメージのデザイン（その 1）
(出所：筆者)

図 2-10 ●未来型イメージのデザイン（その 2）
(出所：筆者)

図 2-11 ●内装イメージデザイン
（出所：筆者）

図 2-12 ●作り方も考慮した最終デザイン
（出所：筆者）

2.3 適用法規

自動車に関する法規の主なもの（国会で立法される法律）として、道路運送車両法（自動車の登録、車両の安全性、整備・検査制度など）や、道路交通法（道路における危険防止、交通の安全・円滑、障害の防止）があります。

図 2-13●空間モックでの検討
（出所：筆者）

車両が備えるべき要件は、道路運送車両法の第三章に基づく道路運送車両の保安基準（国土交通省令）に定められています。

本構想計画のマイクロ EV は 4 輪の原動機付自転車であり、次のように定められています。

道路交通法　第一章 第二条第一項 （定義）

八　車両　自動車、原動機付自転車、軽車両及びトロリーバスをいう。

九　自動車　原動機を用い、かつ、レール又は架線によらないで運転する車であって、原動機付自転車、軽車両及び身体障害者用の車椅子並びに歩行補助車、小児用の車その他の小型の車で政令で定めるもの（以下「歩行補助車等」という。）以外のものをいう。

十　原動機付自転車　内閣府令で定める大きさ以下の総排気量又は定格出力を有する原動機を用い、かつ、レール又は架線によらないで運転する車であって、軽車両、身体障害者用の車椅子及び歩行補助車等以外のものをいう。

道路交通法施行規則（原動機付自転車の総排気量等の大きさ）

第一条の二　法第二条第一項第十号の内閣府令で定める大きさは、二輪のもの及び内閣総理大臣が指定する三輪以上のものにあっては、総排気量については〇・〇五〇リットル、定格出力については〇・六〇キロワットとし、その他のものにあっては、総排気量については〇・〇二〇リットル、定格出力については〇・二五キロワットとする。

乗車人員については道路交通法施行令で次のように定められている。

（自動車の乗車又は積載の制限）

第二十二条　自動車の法第五十七条第一項の政令で定める乗車人員又は積載物の重量、大きさ若しくは積載の方法の制限は、次の各号に定めるところによる。

一　乗車人員（運転者を含む。次条において同じ。）は、自動車（普通自動車で内閣府令で定める大きさ以下の原動機を有するもの（以下この条において「ミニカー」という。）[中略]

ミニカー、特定普通自動車等、大型自動二輪車、普通自動二輪車及び小

型特殊自動車にあっては一人［後略］

自動車の構造に関わるのは道路運送車両法です。道路運送車両法の第三章 道路運送車両の保安基準において、車両の備えるべき要件項目を「国土交通省令で定める保安上又は公害防止その他の環境保全上の技術基準に適合するものでなければ、運行の用に供してはならない」と定めています。

道路運送車両の保安基準は適用範囲と、装備要件を規定しており、構造・装置の性能などの細目は告示で規定しています。

細目を定める告示は、第1節から第3節に分かれています。

＜第1節＞指定自動車等であって新たに運行の用に供するもの

＜第2節＞指定自動車等以外の自動車であって新たに運行の用に供するもの

＜第3節＞使用の過程にある自動車

道路運送車両の保安基準は、国土交通省の Web サイトで全文が公開されています。原動機付自転車に関する部分の表を表 2-1 に示します。

表 2-1 ●原動機付自転車に関する保安基準
（出所：https://www.mlit.go.jp/jidosha/jidosha_fr7_000007.html、道路運送車両の保安基準詳細は巻末の appendix 参照）

道路運送車両の保安基準（2020 年 4 月 1 日現在）

保安基準		細目告示			適用整理	細目告示別添			技術基準名称等
		第 1 節	第 2 節	第 3 節		第 1 節	第 2 節	第 3 節	
―――	（各節の適用：原付）	239	255	271					
第 59 条	長さ、幅及び高さ	240	256	272					
第 60 条	接地部及び接地圧	241	257	273					
第 61 条	制動装置	242	258	274	62	98	98		原動機付自転車の制動装置の技術基準
第 61 条の 2	車体	242 の 2	258 の 2	274 の 2	62 の 2				
第 61 条の 3	ばい煙、悪臭のあるガス、有害なガス等の発散防止	243	259	275	63	44			2 輪車排出ガスの測定方法
第 62 条	前照灯	244	260	276	64	52			灯火器及び反射器並びに指示装置の取付装置の技術基準
						53			2 輪自動車等の灯火器及び反射器並びに指示装置の取付装置の技術基準
							94	94	灯火等の照明部、個数、取付位置等の測定方法
第 62 条の 2	番号灯	245	261	277	65	52			灯火器及び反射器並びに指示装置の取付装置の技術基準
						53			2 輪自動車等の灯火器及び反射器並びに指示装置の取付装置の技術基準
						63			番号灯の技術基準
							94	94	灯火等の照明部、個数、取付位置等の測定方法
第 62 条の 3	尾灯	246	262	278	66	52			灯火器及び反射器並びに指示装置の取付装置の技術基準
						53			2 輪自動車等の灯火器及び反射器並びに指示装置の取付装置の技術基準
						64			尾灯の技術基準
							94	94	灯火等の照明部、個数、取付位置等の測定方法
第 62 条の 4	制動灯	247	263	279	67	52			灯火器及び反射器並びに指示装置の取付装置の技術基準
						53			2 輪自動車等の灯火器及び反射器並びに指示装置の取付装置の技術基準

						70			制動灯の技術基準
							94	94	灯火等の照明部、個数、取付位置等の測定方法
第 63 条	後部反射器	248	264	280	67 の 2	94	94	94	灯火等の照明部、個数、取付位置等の測定方法
第 63 条の 2	方向指示器	249	265	281	68	52			灯火器及び反射器並びに指示装置の取付装置の技術基準
						53			2 輪自動車等の灯火器及び反射器並びに指示装置の取付装置の技術基準
						94	94	94	灯火等の照明部、個数、取付位置等の測定方法
第 63 条の 3	緊急制動表示灯	249 の 2	265 の 2	281 の 2					
第 64 条	警音器	250	266	282	69	74			警音器の警報音発生装置の技術基準
						75			警音器の技術基準
第 64 条の 2	後写鏡	251	267	283	70	79			衝撃緩和式後写鏡の技術基準
						80	80		車室内後写鏡の衝撃緩和の技術基準
						82			2 輪自動車等の後写鏡の技術基準
						83			2 輪自動車等の後写鏡及び後写鏡取付装置の技術基準
第 65 条	消音器	252	268	284	71	38	38	38	近接排気騒音の測定方法
						39	39	39	定常走行騒音の測定方法
						40	40	40	加速走行騒音の測定方法
							112	112	後付消音器の技術基準
第 65 条の 2	速度計	253	269	285	72	88			速度計の技術基準
第 65 条の 3	かじ取装置	253 の 2	269 の 2	285 の 2	73				
第 66 条	乗車装置	254	270	286					
第 66 条の 2	座席ベルト等	254 の 2	270 の 2	286 の 2	74				
第 66 条の 3	頭部後傾抑止装置等	254 の 3	270 の 3	286 の 3	75				
第 67 条	基準の緩和								
第 67 条の 2	適用関係の整理								
第 67 条の 3	締約国登録原動機付自転車の特例								

レイアウトおよび性能全体構想

第3章 レイアウトおよび性能全体構想

本構想計画のテーマは、超小型EV（以下、マイクロEV）です。一般の市街地を乗員が自分で運転して移動することを目的としているので、以下の走行性能を持つことが望ましいと言えます。

① 40km/h で巡航可能なこと。
②短時間の最高速度 60km/h 以上。
③立体駐車場や市街地の坂が登坂可能なこと。
④ 1 日の移動距離程度を無充電で走行可能なこと。

第 2 章 2.3 の適用法規にあるように、4 輪の原動機付自転車は定格出力が 0.6kW 以下という制限があり、上記の走行性能を確保するのは簡単ではありません。これを可能にするには徹底した走行抵抗の低減が必要です。

走行抵抗の基本は、転がり抵抗と空気抵抗であり、巡船走行時はこの2つと考えてよく、これらを減らすことが最も肝要です。転がり抵抗を減らす手段は、質量を小さくする、転がり抵抗の少ないタイヤを使う、の 2 つです。空気抵抗を減らすには、前面投影面積を小さくする、**抵抗係数**（**Cd 値**、抗力係数ともいう）を減らす、の 2 つです。本構想では、軽量化と空気抵抗の低減が最重点課題となります。

またEV は、最もエネルギー密度の高いリチウムイオン 2 次電池でも、**質量エネルギー密度**は 100〜200Wh/kgと、石油燃料の質量エネルギー密度である1万2000～1万3000Wh/kgに比べて1/100程度にすぎません。現在開発が進んでいる全固体電池（固体電解質を使った全固体リチウムイオン2次電池）が実用化されると、この質量エネルギー密度が数倍に向上すると期待されていますが、まだ実用段階にはありません。従って、航続距離が最大のネックポイント（課題）といってもよいでしょう。

航続距離を延ばすには、電池容量を増やすか走行抵抗を減らすかという選択肢があります。しかし、電池容量を増やすと質量の増加を招き、原動機の出力が限られている中では他の走行性能を満たせなくなります。このため、本構想計画では徹底して走行抵抗の低減を図ります。

3.1　構想仕様の仮設定

個別の構想検討に先立ち、車両のイメージを具体的な主要諸元として仮設定しましょう。今後の検討によって決める項目は「検討」として記入しました（表3-1）。

全長と全幅は法規規格以内とし、全高については法規は余裕があるので、一般的な自動車の高さにしました。室内長と室内幅、室内高は、乗員がストレスを感じずに乗っていられる寸法に設定しました。

ホイールベースとトレッドは安定感が得られるようにできるだけ大きくし、最低地上高は一般的な値としました。車両質量（重量）は、軽量化を最大の目標の1つとして160kg以下に設定しました。最大登坂能力は出力の限られたEVでは最もネックとなる性能の1つであり、別途検

表 3-1 ●構想仕様の仮設定
（出所：筆者）

	項目	仕様
寸法・重量	全長×全幅×全高（mm）	2500 以下×1300 以下×約 1300
	室内長×室内幅×室内高（mm）	約 900×約 800×約 1100
	ホイールベース（mm）	約 1750
	トレッド（前／後）（mm）	約 1100／約 1100
	最低地上高（mm）	約 160
	車両重量（kg）	160 以下
	乗車定員（名）	1 名
	車両総重量（kg）	215 以下
性能	最高速度（km/h）	60 以上
	最大登坂能力（度）	検討
	最小回転半径（m）	3 以下
	バッテリー	約 1000Wh（詳細検討）
	航続距離（km）	実用走行で 50km 程度
原動機	原動機の種類	電動機（詳細検討）
	駆動方式	検討
	定格出力（kW）	0.6 以下
	最大出力（kW）	検討
ステアリング		検討
制動装置		検討

討することとしました。

3.2 乗員とタイヤ、ハンドル、ペダルのレイアウト構想

自動車の基本計画において原点となるのが、乗員レイアウトです。乗員とハンドル、ペダルなどの操作系のレイアウトの基準寸法を決める図（基本寸度図などと呼ばれている）を作成します。

乗員レイアウトの検討には、図 3-1 に示す寸法の樹脂板製 2 次元マネキン〔ヒップポイント（H-Point）テンプレート〕が使われてきまし

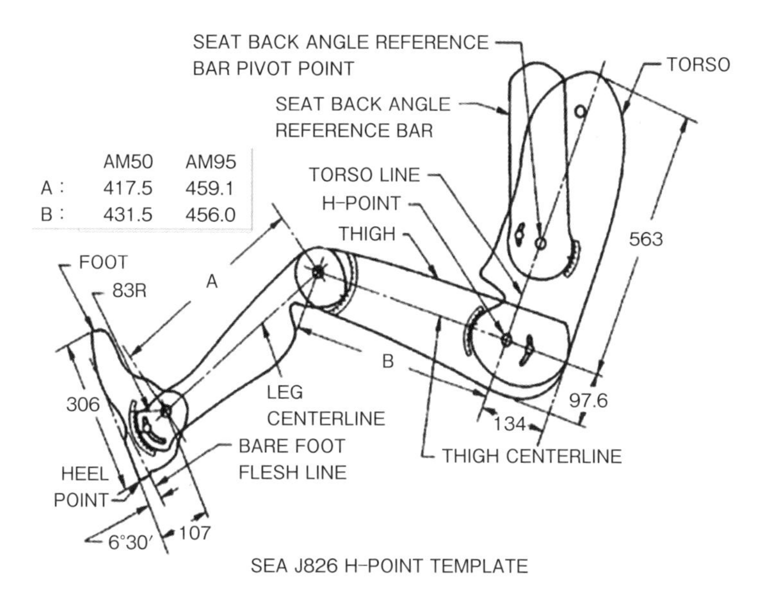

図 3-1 ●SAE 2 次元マネキン（SAE J826 H-POINT TEMPLATE）
（出所：SAE J826、https://law.resource.org/pub/us/cfr/ibr/005/sae.j826.1995.pdf）

た。1960 年代に米自動車技術会（SAE；Society of Automotive Engineers）によって規格化されたものです。人間の位置を定める原点である SRP（シーティングレファレンスポイント）としてこの H-Point が使われます。

現在はテンプレートがCADデータ化されており、自動車メーカーでは人体計測データと合わせた3次元CADデータを使ってコンピューター上でレイアウト検討を実施しています。本書のレイアウト検討では、公表されている日本人の人体計測データ〔『AIST 人体寸法データベース1997-98』の統計量、および『理科年表　平成30年』（丸善出版）〕から、2015 年の JM95、JM50、JF50、JF05 の寸法を推定して製作した手製のテンプレートを使用しています（表 3-2）。

仮設定した主要諸元寸法と上記の人体寸法から、乗員とタイヤ、ハンドル、ペダルの概略寸法レイアウト図を描きます。（図 3-2）。

運転姿勢は、アクセルペダルを踏む踵（かかと）の位置であるヒールポイント（Heel Point）を基点に表すことができます。

表 3-2 ●2015 年の日本人推定標準体型寸法
（出所：筆者）

	身長	大腿長	下腿長
JM95	1811	415	414
JM50	1710	391	384
JF50	1581	357	361
JF05	1520	336	339

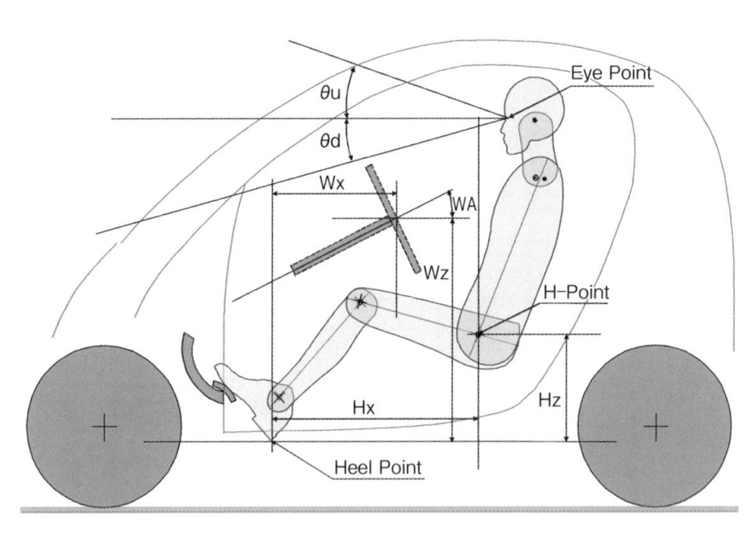

図 3-2 ●概略寸法レイアウト
（出所：筆者）

Hx ：Heel Point—H-Point 水平距離

Hz ：Heel Point—H-Point 垂直距離

Wx ：Heel Point—ハンドル-水平距離

Wz ：Heel Point—ハンドル-垂直距離

WA：ハンドル傾斜角

H-Pointの高さと運転姿勢の関係を、人体ダミーであるAM95（米国の大柄成人男性）の脚長およびヒールポイントを重ねて描くと図3-3のような関係になります。

クルマのタイプごとの平均的な寸法を表3-3に示します。

この段階ではまずおおよその形を描き、他の寸法と調整しながら最終寸法をつくり上げていきます。

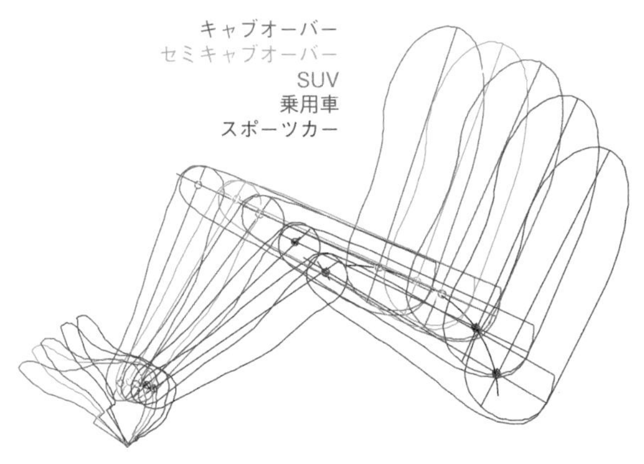

図3-3●H-Point高さと運転姿勢の関係
（出所：筆者）

表3-3●タイプごとの平均的寸法
（出所：齋藤孟、山中旭『自動車の基本計画とデザイン』、山海堂、p109、2002年）

	スポーツカー	乗用車	ワンボックスカー
Hx(mm)	830	810	722
Hz(mm)	132	250	330
Wx(mm)	525	430	330
Wz(mm)	500	620	660
WA(°)	23°	26°	49°

3.3 原動機と電池、制御装置のレイアウト構想

続いて、最重要となる機能部品や大物部品について概略レイアウトを決定します。本構想計画では、駆動系の概略レイアウトを決めます（図3-4）。

まず、駆動用モーターは後述するように後輪のインホイールモーターとします。続いて、最も大物であり最重量部品でもある電池は、車体中心付近の低い位置（シート下）に配置。次に、モーターと電池の中間に制御回路（インバーターなど）を配置し、モーター駆動の大電流が流れる配線を最短距離に配置します。制御操作のスイッチ（SW）類は制御電流のみを流すようにし、運転者が操作しやすい位置に配置します。

ここまでで最も基本的なレイアウト構想ができたことになります。

3.4 空力構想

空気中を移動する物体の空気抵抗は、その物体の前後の圧力差に起因

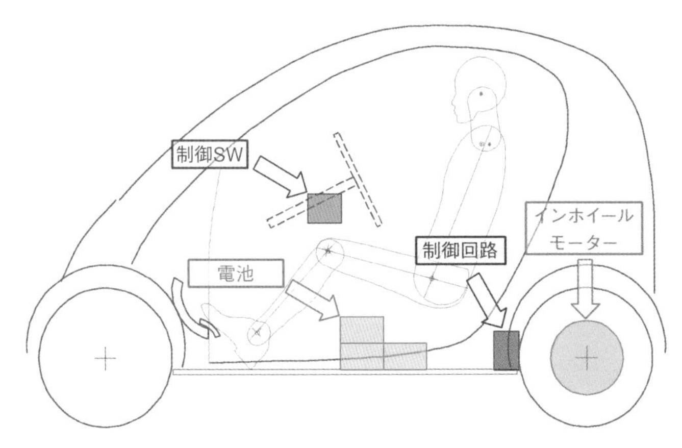

図 3-4 ●駆動系概略レイアウト
（出所：筆者）

します。この圧力差を減らすことが抵抗低減の基本です。

飛行機の翼型などの流線型を空中に置いた場合のCd値は0.03程度ですが、地上を走る自動車のCd値はその10倍程度です。このCd値の増加は主に車体後方に生じる流れの剥離によるもので、剥離が生じるとその下流では圧力が低下し、物体前後の圧力差が増加します。また、物体が縦に細長いものは乱れかけた流れが剥離の発生に至りづらく、短いものは剥離が発生しやすくなります。

図 3-5は、空力的に理想の状態から実際の車体形状に変遷していく過程でCd値が変化する概略を示したものです。車体形状（3次元化）と冷却風の影響（床下の凹凸）の影響が大きいことが分かります。マイクロEVは全長が短いため、車体形状による空気抵抗の悪化を抑えることに関しては不利です。しかし、EVにはエンジンの冷却がないため、床下を平滑にすることで空気抵抗の悪化を抑えることができます。これら

形状要素の抵抗への影響

形状						
抵抗係数CD	翼型、流線型（単位幅）	地面の影響	車体形状（3次元化）	タイヤ装着（床下平滑）	冷却風の影響（床下凹凸）	付加物 車体表面の凹凸
	0.03	0.05	0.10〜0.20	0.19〜0.24	0.28〜0.34	0.33〜0.36

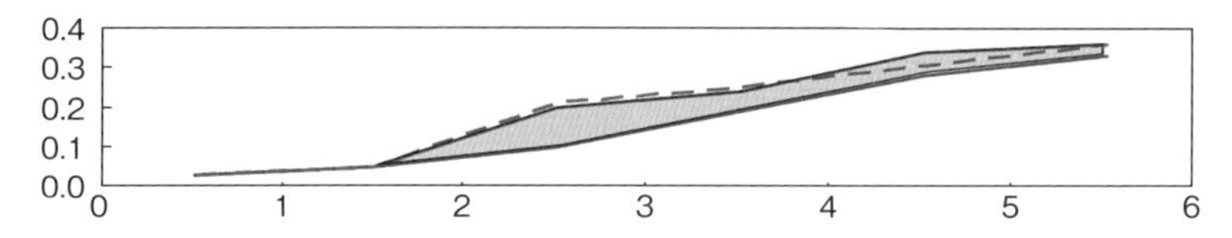

図 3-5●形状要素と Cd 値
（出所：齋藤孟、山中旭『自動車の基本計画とデザイン』、山海堂、p224、2002 年）

を勘案して目標のラインをグラフに書き込みます。

本構想計画では、床下の完全平滑化を設計目標の1つとし、Cd 値の目標を 0.36 に設定しました。

3.5　質量構想

本構想計画では、軽量設計が大きな目標です。乗用車や市販のマイクロ EV の質量構成を参考に、本計画における機能別の質量の割り付け構想を立てます。

軽量設計のポイントは次の通りです。

①車体構造の軽量化を図るため、フレームをマグネシウム（Mg）合金の溶接構造とする。

②車体構造を合理化するために、シートフレームを車体構造の一部とし

た一体構造とする。

③電池に質量エネルギー密度の高いリチウムイオン2次電池を使用する。

④駆動用モーターに、動力伝達機構を使わないダイレクト駆動のインホイールモーターを使用する。

これらのポイントを基本に、質量の目標である160kgに対して各部品の質量について割り付け構想を立てます。乗用車や市販のマイクロEVの質量を参考にしつつ、各部品の質量を決めていきます。主要項目に対し、最終目的を達成するために仮目標を立て、最終目標が達成できるかどうかについてシミュレーションを行いながら、各部品の質量の目標値を確定していくことになります。

ここでは参考質量と本構想計画について、絶対値と構成比率を、ボディーとシャシー、動力系、エネルギー源、乗車装置、灯火器・装備品の6つの機能区分でグラフに表しました（図3-6、図3-7）。

EVでは、どうしてもエネルギー源（電池）の比率が高いため、軽量・高容量・高信頼性・低コストの電池がEV普及の鍵になります。

3.6　質量配分

質量構想で設定した各部の質量をレイアウト構想に合わせて配置し、基本フレームにかかる荷重分布として質量分布図を作成します。

質量配分は前輪駆動と後輪駆動では適正といわれる比率が異なりますが、後輪駆動の一般的な配分である「F（前輪）45～50％：R（後輪）

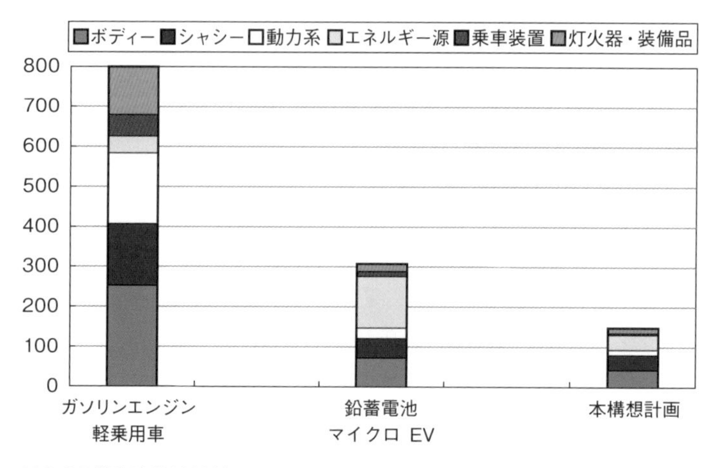

図 3-6 ●機能別重量割り付け
(出所：筆者)

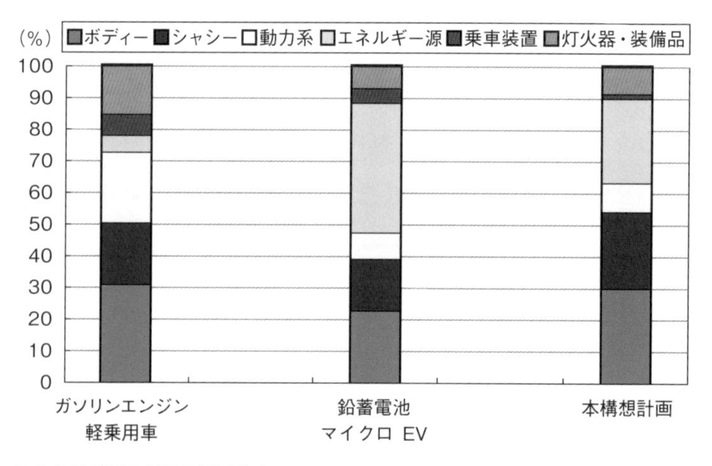

図 3-7 ●機能別重量割り付け比率
(出所：筆者)

50〜55 %」、すなわち F50 %：R50 %よりも駆動輪を若干増やすのが大ざっぱな目安となります。慣性モーメントが小さくなるように考えて部品を配置し、質量分布のグラフ図 3-8 のグラフを描きます。

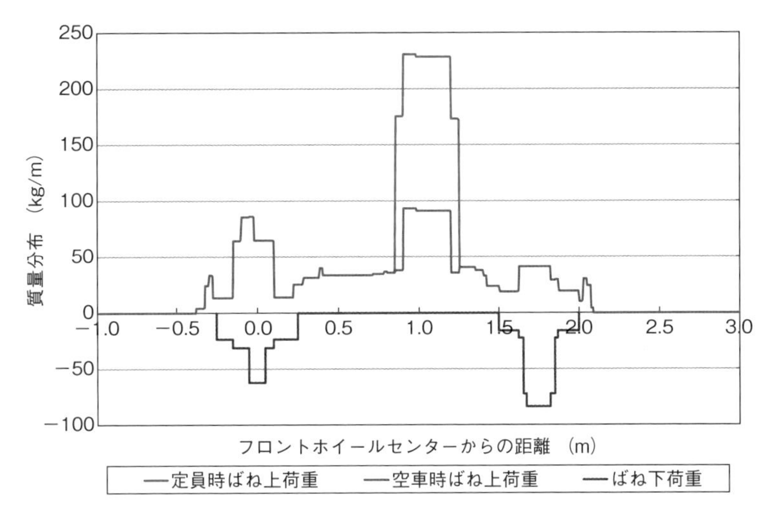

図 3-8 ●ばね上とばね下の質量分布
(出所：筆者)

上記グラフの状態で質量配分は空車時に R49 %：R51 %、乗車時に F46 %：R54 %となっています。

走行性能構想

第4章 走行性能構想

4.1 巡航速度・最高速度

本構想計画の超小型 EV（以下、マイクロ EV）は、一般市街地を乗員が自分で運転し、日常生活での近距離移動や地方都市内での近距離通勤などに使用することを目的としています。

市街地の速度制限は 40km/h です。この速度で連続走行を可能にすることを目標とします。

原動機付自転車の最高速度制限は 60km/h となっています。定格出力の制限のため、この速度での連続走行は無理ですが、短時間では流れに乗って走行する必要性があることを考えて、3 %の勾配の道を 60km/h で走行できることを目標とします。

4.2 登坂性能

EV、特に出力の限られたマイクロ EV では登坂性能に注意が必要です。登坂性能は国内各地の市街地や一般道にある急坂を走行（登坂）できることを目標とします。

表 4-1 から、本構想計画の市街地の登坂目標を勾配 $\sin\theta = 20$ %以上とし、登坂速度は 20km/h 以上、立体駐車場の速度は 25km/h とします。

表 4-1 ●各地の急坂
（出所：ヤマハ発動機、「パッソル」広報資料、2006 年）

各地の急坂	場所	θ(°)	sin θ(%)
聖坂	横浜	11.5	19.9
異人館坂	神戸	8.0	13.9
谷戸坂	横浜	7.5	13.1
北野坂	神戸	5.5	9.6
五条坂	京都	5.0	8.7
道元坂	東京	3.5	6.1
東京タワー	東京	4.0	7.0
紅葉坂	横浜	6.5	11.3
立体駐車場	最大規格	9.8	17.0

4.3 走行抵抗の把握

クルマの走行抵抗は次式で表すことができます。

走行抵抗　$Rt = Rr + Ra + R\alpha + Ri$

転がり抵抗（タイヤ＋ホイールが転がるときの抵抗）

$Rr = W\mu r$

W：車両総質量

μr：転がり抵抗係数

空気抵抗（クルマが空気を押し分けて進むときの抵抗）

$Ra = \mu eSV^2$

S：前面投影面積

Cd：抵抗係数

ρ：空気密度（$1.247kg/m^3$）

μe：空気抵抗係数

$=Cd\times\rho/2$

加速抵抗（クルマを加速する時の抵抗）

$R\alpha=(W+\Delta W)\alpha/G$

ΔW：回転部分慣性モーメント相当の質量

α：加速度

勾配抵抗（クルマが登坂するときの重力の斜面方向成分）

$Ri=W\times\sin\theta$

θ：斜面の勾配

本構想計画の車両諸元の計画値は以下の値です。

$W=215kg$（空車重量165kg＋乗員55kg）

$\Delta W=0.08W$

$S=1.100m^2$

$\mu r=0.011$

$Cd=0.36$

この値を用いて走行抵抗を計算し、各勾配に対する速度と走行抵抗の関係をグラフに表します（図 4-1）。出力曲線は速度と走行抵抗に応じた必要出力です。巡航速度や最高速度、登坂路の目標ポイントを四角「□」のプロットで示し、これらの目標をカバーするモーター特性のイ

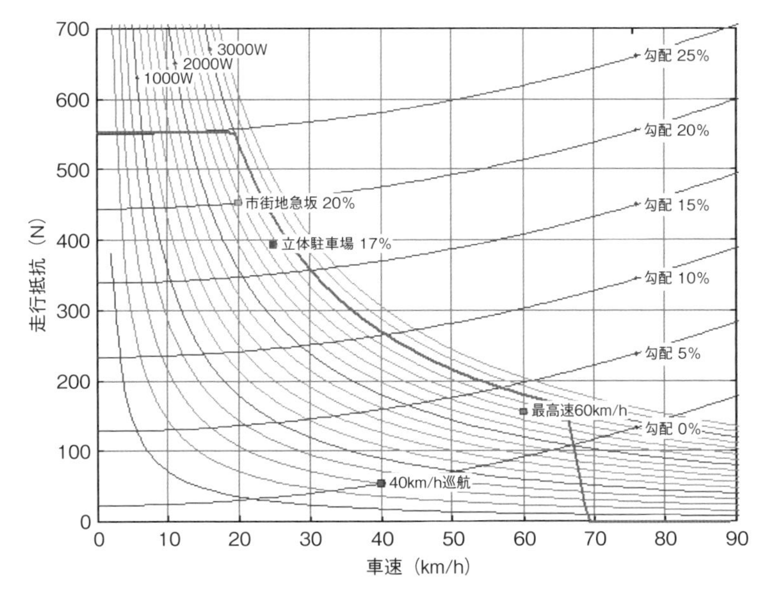

図 4-1 ●車速と勾配による走行抵抗の変化
（出所：筆者）

メージをピンクの線で示しました。

4.4 モード走行

自動車の実用燃費を表すために、最近は「世界統一試験サイクル」といわれる国際的な試験方法である WLTC（Worldwide-harmonized Light vehicles Test Cycle）モードや、JC08 モードが使われています。しかし、本計画のマイクロ EV では出力が足りないため、そのモードでは走行することができません。

以前使われていた 10・15 モード燃費は、市街地（10 モード 3 回）お

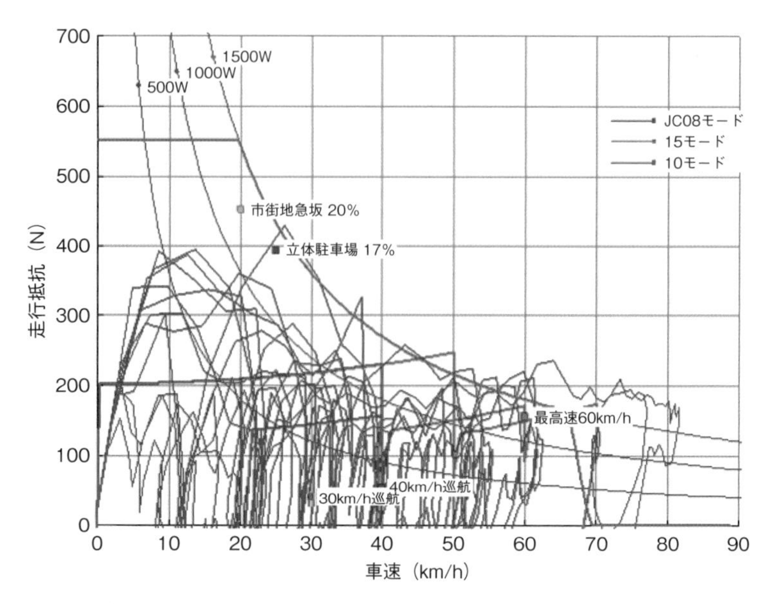

図 4-2 ●車速とモード走行抵抗
（出所：筆者）

よび、郊外を想定した（15 モード 1 回）一定パターンで燃費を計測する方法です。

本マイクロ EV は 10 モードに従った走行が可能です。本マイクロ EV のモーター出力と各モード走行の必要出力を表したグラフを図 4-2 に示します。

第5章

主要部分の構想および検討

第5章 主要部分の構想および検討

5.1 リア(R)ホイール(モーター内蔵)

EVの駆動方法には、大きく分けてホイールとモーターが一体となったインホイールモーター方式と、モーターとホイールをドライブシャフトで結ぶシャフトドライブ方式があります。ガソリンエンジン車はエンジンを1つ搭載し、変速機構を介して駆動輪とドライブシャフトで結ばれています。改造EVの場合はエンジンをモーターに置き換える方式が適していますが、新設計の場合は構造が簡単なインホイールモーター方式が有利と考えます。

モーターには直流モーターと交流モーターがあります。それぞれに一長一短がありますが、直流モーターの方が起動時のトルクを大きく取りやすいという利点があります。また、モーターには減速機構を持つ減速モーターと、減速機構を持たないダイレクトドライブモーターがあります。

インホイールモーターの構造にもいろいろなタイプがありますが、大きく分けて2つです。

[1] インナーローターでケース固定するタイプ：ケースでサスペンション取り付け部を構成できる。ローター径は小さく、高速回転向き。
[2] アウターローターで軸固定するタイプ：ローター径が大きく、低速

回転で大トルクを出すことができる。

本構想計画では、軽量化と構造の単純化を主眼に置くため、ローターとホイールを一体とした軸固定タイプを選び、軸はリア(R)アクスル差し込み式として、センターナットで固定します(図5-1)。ローター径を大きくとり、強力な永久磁石との組み合わせで低速回転、大トルク

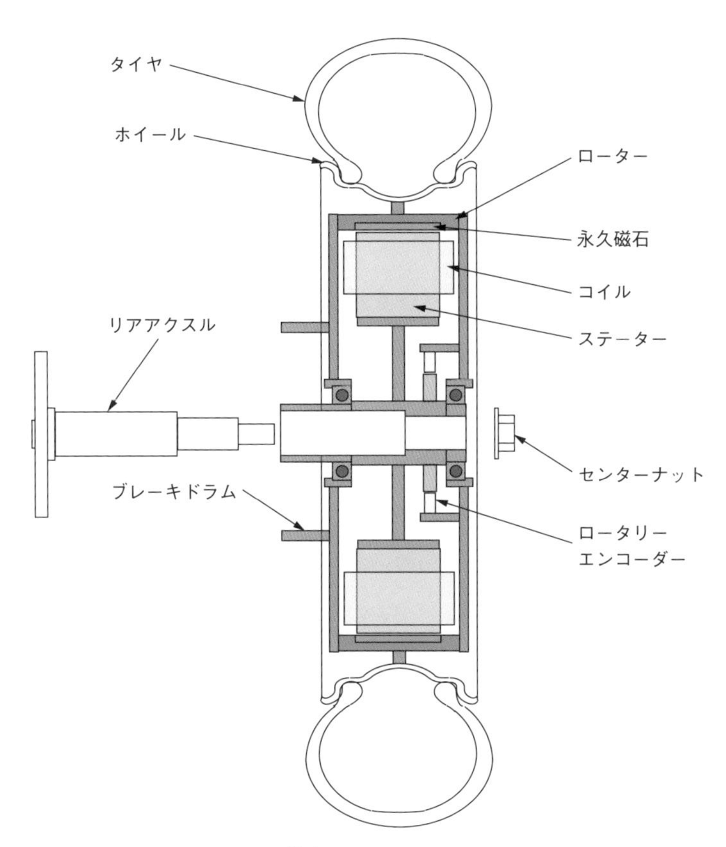

図5-1 ●インホイールモーターの構造
(出所:筆者)

を得られるモーターとします。減速構造は使っていません。加えて、ローターにブレーキドラムを一体で形成します。

減速機構を使わないことの欠点は、モーターの特性だけで駆動輪の最大トルクも最高回転数も決まってしまうため、自由度が低いことです。特に、最大トルクはモーターの体格で決まってしまいます。

減速機を持つモーターでは、回転数を上げ、減速比を大きくすることでモーターを小型化することができます。半面、減速機構の体積と質量が増えるため、一長一短です。

永久磁石を使用した直流モーターでは、回転数に比例してコイルに逆起電力が発生します。そのため、特別な制御を行わないと回転数に比例してコイルに流れる電流が低下し、やがて回転できなくなります。

第4章図4-1でイメージラインを示した等出力制御モーターは、等出力制御を行わないと最高回転数が400rpm程度のモーターです（図5-2）。

最高回転数を高めるには、端子電圧を上げるか逆起電力を下げるかする必要があります。端子電圧を上げるにはバッテリー電圧を上げるのが最も簡単な方法ですが、高電圧の電池は取り扱いに注意が必要です。

労働安全衛生規則で、「インバーター、コンバーター、サービスプラグ等のEVに特有の構造等に伴う危険・有害性は、電気自動等の整備業務に必要な知識であり、確実に理解させることが重要である」として、労働省令第32号の労働安全衛生規則第36条に下記のような条文があります。

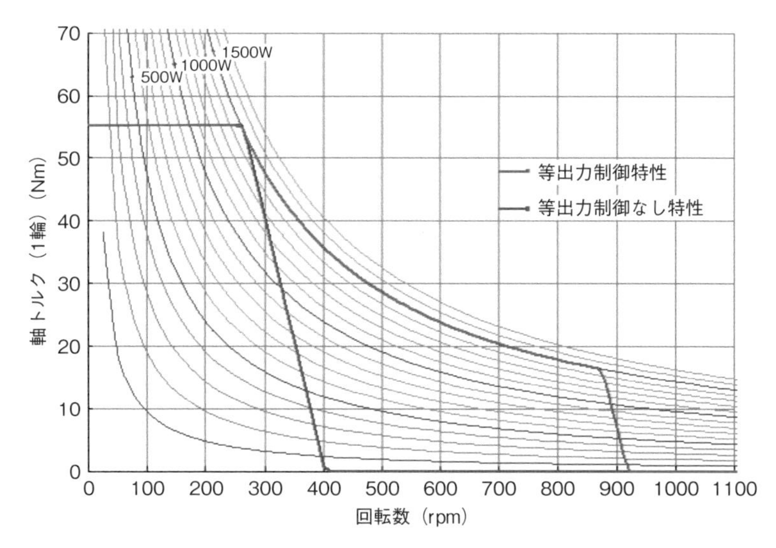

図5-2●モーターの出力特性
（出所：筆者）

第三十六条　法第五十九条第三項の厚生労働省令で定める危険又は有害な業務は、次のとおりとする。

四の二　対地電圧が五十ボルトを超える低圧の蓄電池を内蔵する自動車の整備の業務

このように定められているため、特別な教育が必要です（2019年10月1日より施行）。車両の構造としても、保安基準で作動電圧が直流60V以上のものに関しては特別の対策を求めています（保安基準17条の2細目告示99条。巻末のappendix参照）。

電池電圧は低く抑えて、昇圧回路付きインバーターで電圧を上げる場合には高圧が生じるインバーターからモーターへの配線に対策を要するものの、高圧が発生するのは運転時のみで、停止時には直流60V以上の部分がありません。従って、取り扱いは容易です。

起電力を下げる手段としては、回転数に応じてコイルに界磁を弱める電流を流す弱め界磁制御があります。出力につながらない電流成分があるため、その分、効率の低下がありますが、最高回転数を高めることができます。

本構想計画の超小型EV（以下、マイクロEV）の電池電圧は、取り扱いの容易な60V未満とします。

5.2 車体フレーム構想

車体フレームは、今日の量産乗用車ではモノコックが主流です。他のタイプの車体フレームはあまり採用されていませんが、図5-3に示すように各種の形式があります。少量生産のクルマで、製造上や車両の目的などに応じて選ばれています。

本構想計画の車体はフラットな床面で空気抵抗を低減し、かつ軽量化も図るために、難燃性マグネシウム（Mg）合金の押し出し材を溶接で結合した構成とします。この構成に適したフレーム構造としてプラットフォームフレームとスペースフレームを選び、これらを組み合わせた形式の車体フレームとします。加えて、シートフレームをボディーフレームと一体化することでボディーの軽量・高剛性化を図ります。

本構想計画の車体フレームの概念図を図5-4に示します。

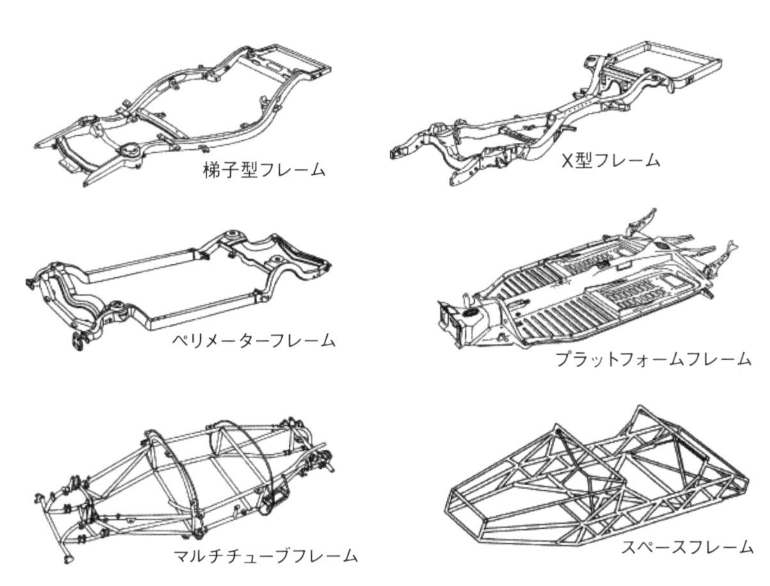

図 5-3 ● 車体フレーム形式
（出所：自動車技術会編、『新編 自動車工学ハンドブック』、図書出版社、pp.9-22～24、1970年）

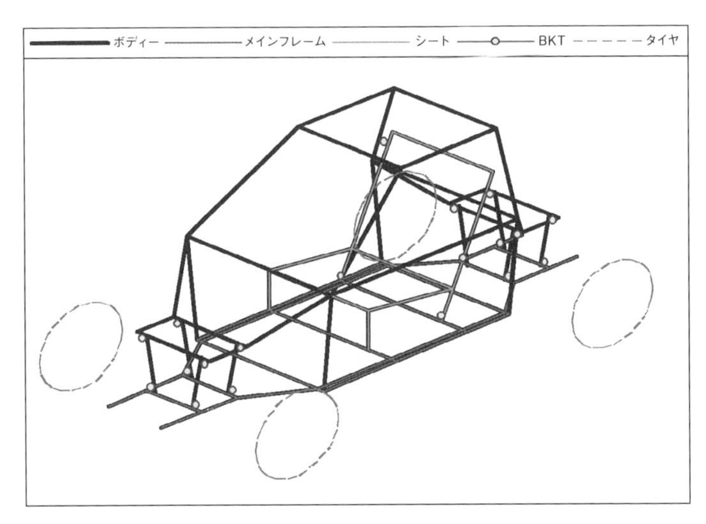

図 5-4 ● 本構想計画の車体フレームの概念図
（出所：筆者）

5.3　車体外板構想

車体外板の概要を図 5-5 に示します。外板は、繊維強化樹脂（FRP）を積層して作製します。ガラス部分には市販のアクリル板、またはポリカーボネート板を曲げ（絞り）加工したものを使い、FRP 外板に接着剤で貼り付けます。

生産量の少ないマイクロ EV では金型に費用のかかる工法を選ぶことはできないため、ボディーは FRP を人手で貼って積層していく工法を選定します。硬質発泡ウレタンや発泡スチロールなどで雄型を作り、石膏（こう）や樹脂で反転して雌型を作る方法が、表面仕上がりが良いため一般的です。他に、発泡スチロールを芯材として直接 FRP を貼っていく方法もあります。表面仕上げには手間がかかるものの、石膏反転が不要になるため、1 台だけを製作する本構想計画では、直接貼っていく方法を選

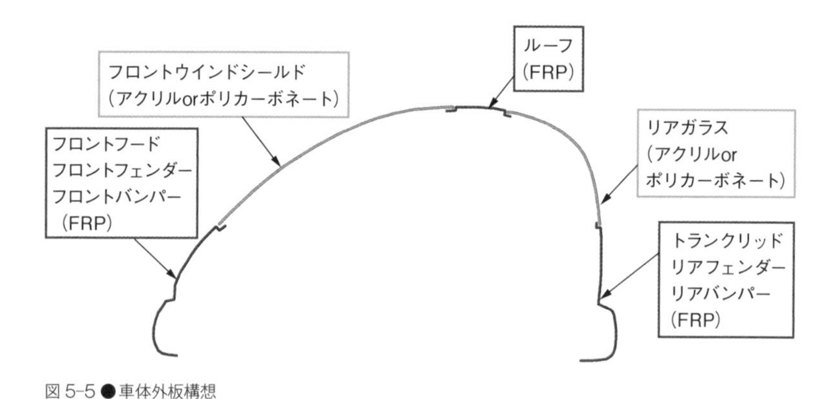

図 5-5 ●車体外板構想
（出所：筆者）

定します。

5.4 サスペンション

[1] サスペンションの基本機能

サスペンションは、車体に対して車輪を支持する部品です。上下方向は車輪をばね・減衰機構で支持し、上下以外の方向は適度な剛性で支えます。次のような機能を満たす必要があります。

(1) 車体や乗員、積み荷などを保護するために、路面の凹凸などに起因する車体への入力によって発生する不快な振動や音を抑制する。
(2) 車輪と路面間に発生する駆動力や制動力、横力などの前後・左右荷重を確実に車体に伝達するために、最良の状態でタイヤを路面に接地させ、狙いの車両運動状態を可能にする。

すなわち、「柔軟さ」と「タイヤの正確な位置決め」が要求されます。

[2] サスペンション方式

サスペンション方式には大きく分けて2つあります。左右の車軸が一体となった固定車軸式と、左右の車軸が独立した独立懸架式です。固定車軸式は大型車や貨物車に多く使用されており、普通乗用車以下では独立懸架式を採用したものが大半を占めています。独立懸架式には各種のタイプがあります。

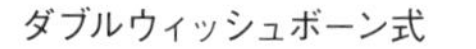

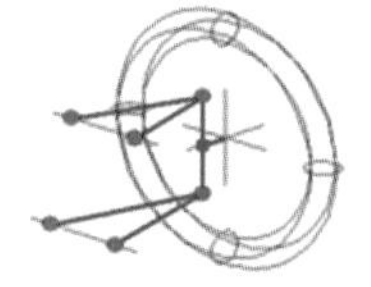

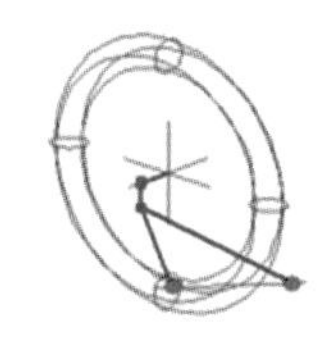

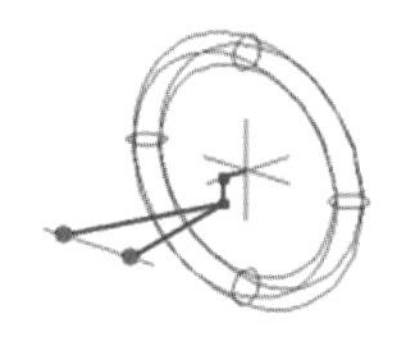

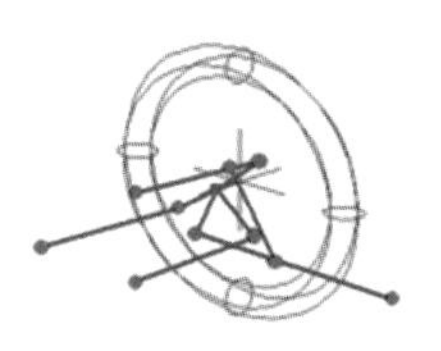

図 5-6 ● サスペンション独立懸架方式
（出所：筆者）

代表的な6種類の独立懸架式サスペンションの構造概念図を図 5-6 に示します。図の右側が前方です。すなわち、車体の左側に取り付けた車輪を車体中央側から見た形となります。図中の赤色の丸点は回転結合、青色の角点は固定結合、緑色の四角点はスライド結合を表します。

図 5-6 には表されていませんが、トレーリングアーム式の前後を逆転したものがリーディングアーム式です。フロントにリーディングアーム、リアにトレーリングアームをトーションバーとの組み合わせで使うと、構成要素が少なくなり、フレーム（プラットフォームフレーム）も床面よりも前後の部分を簡素にできます（図 5-7）。そのため、車体強度や軽量化の点からは有利です。ただし、ブレーキ時のノーズダイブ（荷重移動で車両が前下がりになり、フロント部分が沈み込む現象）や急加速時のスクォート（フロント部分が浮き上がり、リア部分が沈み込

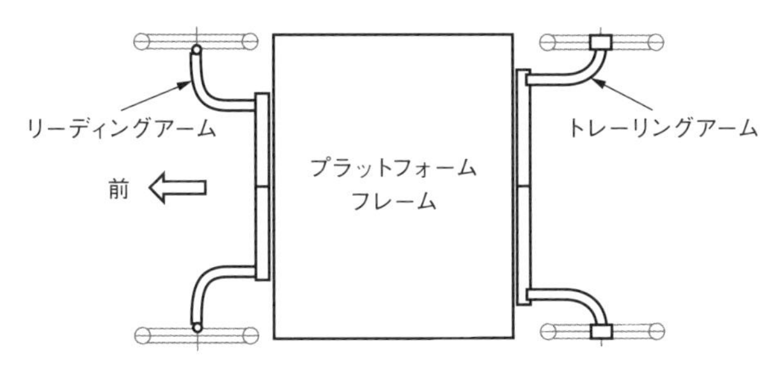

図 5-7 ●フロントリーディングアーム・リアトレーリングアーム方式
（出所：筆者）

む現象）の制御が難しくなります。フランスの Citroen（シトロエン、現 PSA グループのシトロエンブランド）の「2CV」などで使われていましたが、前後のサスペンションを油圧で連結するなどの工夫と合わせて使用されていました。

これら 6 種類の独立懸架式サスペンションについて評価すると以下のようになります。

・スイングアクスル式は、キャンバー変化が大きくロールセンターの変動が激しい。過去に横転事故が発生したこともあり、今日ではほとんど採用されていない。

・マルチリンク式は、優れた操安性を実現できる方式だが、構造が複雑で設計が難しい。

・ストラット式は、今日の主流の 1 つだが、自作することを考えるとストラットの滑り軸受や上部の回転軸受の入手が難しい。

・ダブルウィッシュボーン式は、構造が理解しやすく設定の自由度がある。乗り心地や操縦安定性も良い。使用部品も入手しやすくて自作にも適している。

こうした評価により、本構想計画ではダブルウィッシュボーン式を選択しました。

[3] 荷重たわみ特性

車輪の接地点に加わる上下方向の荷重の変化と、ホイールセンターの上下方向の変位との関係を、サスペンションの荷重たわみ特性と呼びます（図5-8）。また、基準積載付近でのばね定数を**ホイールレート**といいます。基準積載からバンプおよびリバウンドの最大ストロークが決まり、両者を加えたものをホイールストロークと呼びます。

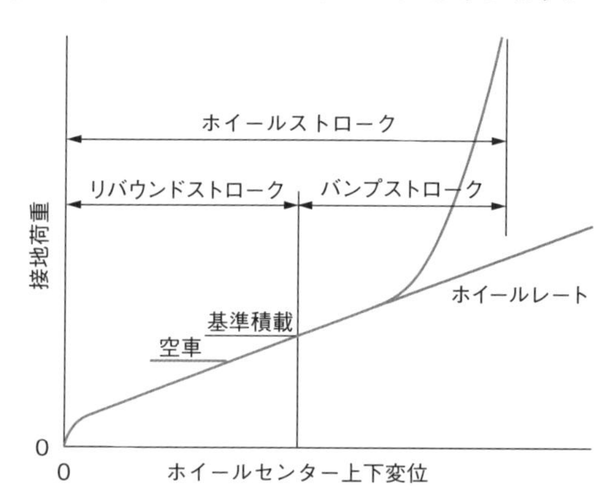

図5-8●荷重たわみ特性
（出所：筆者）

[4] 振動特性

サスペンションの振動特性は、乗り心地や操縦安定性を左右する大き

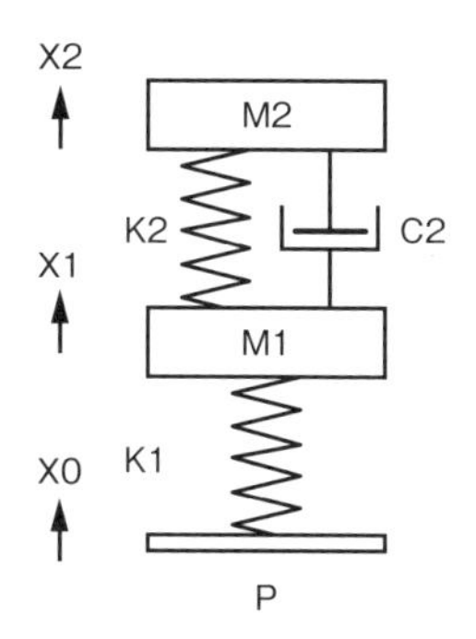

図 5-9 ●振動特性モデル
（出所：筆者）

な要因です。サスペンションの振動特性を検討する際には、図 5-9 のような 1 輪の 2 質点モデルを使うことができます。

このモデルの力のつり合いは、次の式で表すことができます。

$$M2X2'' + C2(X2' - X1') + K2(X2 - X1) = 0$$

$$M1X1'' + K1(X1 - X0) - C2(X2' - X1') - K2(X2 - X1) = 0$$

これらの式を解くと、路面 P の起伏 X0 に対するゲイン（伝達率）を求めることができます。解法の詳細は巻末の appendix3「サスペンションの振動特性計算式」を参照してください。

ゲインには次の 4 つがあります。

$G1 = X1/X0$

$G2 = X2/X0$

$G3 = F/(KnX0)$

$G4 = (\omega 2/\omega n2)G2$

ここで、G3 は接地荷重のゲインであり、F は接地荷重変動です。接地荷重変動 F が静止荷重の値を超えると、タイヤの浮きが発生していることを示します。

G4 はばね上振動加速度の伝達率で、ω は路面 P からの加振振動数、$\omega 1$ はばね下共振振動数です。車両の質量やばね定数、減衰力は個々に異なりますが、次のように表すと、整理された形で見ることができます。

ばね上、ばね下の質量比：$R = M2/M1$

ばね下固有振動数　：$\omega 1 = \sqrt{(K1/M1)}$

ばね上固有振動数　：$\omega 2 = \sqrt{(k2/m2)}$

減衰係数比　：$\zeta = C2/2\sqrt{(M2k2)}$

図 5-10 は、ばね下質量の変化による接地荷重とばね上加速度の変化を表したグラフです。サスペンションの振動ではばね下質量が軽いこと、すなわち R が大きいことが操縦性にも乗り心地にも有利です。乗用車のばね下固有振動数とばね上固有振動数の一般的な範囲を表 5-1 に示します。

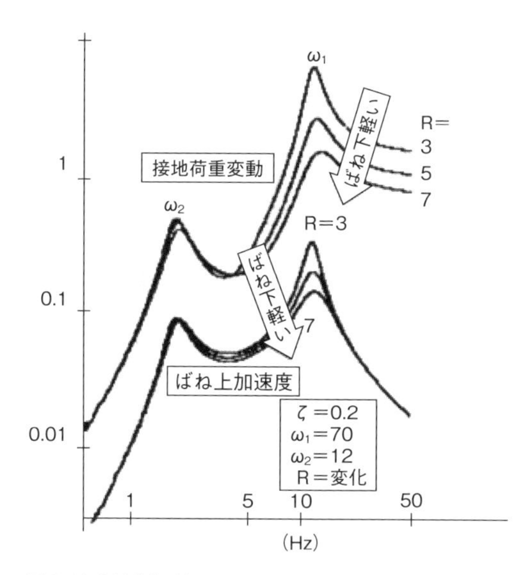

図 5-10 ●接地荷重変動とばね上振動加速度
（出所：齋藤孟、山中旭、『自動車の基本計画とデザイン』、山海堂、p154、2002 年）

表 5-1 ●ばね上、ばね下固有振動数の一般的な範囲
（出所：『自動車技術ハンドブック 1 基礎・理論編』、自動車技術会、p349、2004 年）

	ばね下固有振動数		ばね上固有振動数
	前輪系	後輪系	
軽乗用車	13～17.5	13～16	1.5～2.1
大衆車	11～16	12～16	1.4～1.7
小型車	10～15.5	10～17.5	1.2～1.6
中型車	12～13.5	9～13	1.0～1.5

[5] サスペンション特性項目

サスペンションのストロークなどでアライメントに変化が生じます。これにより横力が発生し、疑似ステアリング効果などが生じる要因としてトー変化とキャンバー変化、トレッド変化などがあります。

クルマが急旋回したときや大きな凹凸のある路面をゆっくり走行したときに、クルマが車体の前後軸を中心に左右に傾くことをロールをいいます。そして、その回転中心をロールセンターと呼びます。このロールセンターは瞬間中心であり、ばねの伸び縮みで変化します。ダブルウィッシュボーン式のロールセンターの例を図 5-11 に示します。

前後のロールセンターの傾きは　車体の慣性主軸にできる限り平行になるように、フロント（F）側よりもリア（R）側の方が若干高いのが良いといわれています（図 5-12）。

その他にノーズダイブやスクォートなどの挙動変化があります。

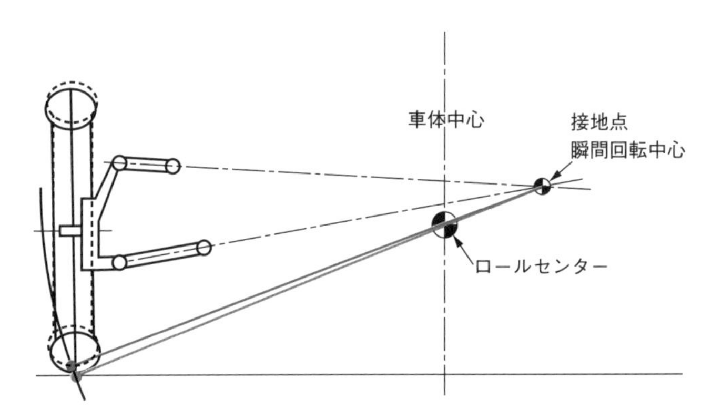

図 5-11 ● ダブルウィッシュボーン式のロールセンター
（出所：筆者）

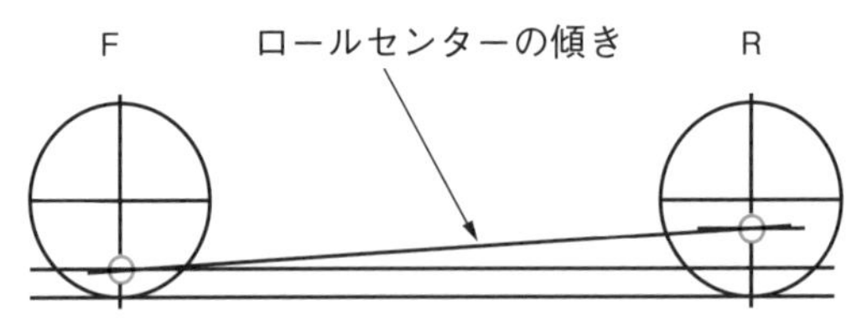

図 5-12 ● 前後のロールセンター高の傾き
（出所：筆者）

[6] サスペンション特性の一般的範囲

サスペンション特性項目の主なものの標準的な値を表 5-2 に示します。

表 5-2 ● サスペンション特性の一般的範囲
（出所：『自動車技術ハンドブック 6 設計（シャシ）編』、自動車技術会、p9、2016 年）

サスペンション特性項目	特性値
荷重たわみ特性	バンプストローク：70～120mm
	リバウンドストローク：70～130mm
	サスペンションレート：ばね上固有振動数に換算して 1～2Hz 程度
減衰力特性	減衰比（C/Cc）に換算して 0.2～0.8
トー変化	前輪：0～アウト 0.5°　空車状態から 40mm　バンプ時
	後輪：0～イン　0.5°　空車状態から 40mm　バンプ時
キャンバー変化	対ボディー：－2～0°　空車状態から 40mm　バンプ時
トレッド変化	－5～＋5mm　空車状態から 40mm　バンプ時
ロールセンター高	0～180mm　前輪≦後輪（独立懸架）
ロール剛性	ロール率に換算して 1～4°　0.5G 旋回時
接地点横剛性	0.3～3mm　接地点 980N 負荷時
横力コンプライアンスステア	前輪：0～アウト 0.3°　980N 内向き負荷時
	後輪：アウト 0.4～イン 0.2°　980N 内向き負荷時
前後剛性	2～5mm　接地点 980N 負荷時
前後力コンプライアンスステア	アウト 0.2～イン 0.2°　接地点 980N 負荷時
キングピン傾角	5～20°
キングピンオフセット	－20～＋30mm
ホイールセンターオフセット	30～70mm
キャスター角	FF 車：2～7°
	FR 車：4～11°
キャスタートレール	5～40mm（パワーステアリング装着車）

本構想計画のサスペンションの主な特性項目を次に示します。

第 5 章

・フロントサスペンション

バンプストローク 80（mm） リバウンドストローク 80（mm）

キャンバー変化 −1.2（°） トレッド変化 4.6（mm） ロールセンター高 67（mm）

キングピン傾角 9（°）キングピンフセット 24（mm）キャスター角 6（°）

・リアサスペンション

バンプストローク 80（mm）リバウンドストローク 80（mm）

キャンバー変化 −1.0（°）トレッド変化 7.9（mm） ロールセンター高 103（mm）

リアのトレッド変化が表5-2の標準値から若干外れていますが、ほぼ標準の範囲にあります。

[7] 路面と振動特性

EVでインホイールモーターを使う場合、ばね下質量の増加が問題となります。通常よりもばね下が重くなったときの接地荷重の変動を、実際の路面で試算してみます。

実際の路面の凹凸は千差万別ですが、路面凹凸の程度の分類については「ISO 8608（機械的振動―路面プロファイル―）」で、表5-3に示す0.1（c/m）のパワースペクトルを基準値として8段階（道路区分A〜H）に分類し、①式を使って空間周波数（単位長さ当たりの波数）n、とパワースペクトルの関係で整理したものがあります。

表 5-3 ●ISO 路面凹凸程度の分類
（出所：ISO 8608）

道路区分	S(n)($\times 10^{-6} m^3/m$)の範囲	S(n)の幾何学的平均
A	8 ～ 32	16
B	32 ～ 128	64
C	128 ～ 512	256
D	512 ～ 2048	1024
E	2048 ～ 8192	4096
F	8192 ～ 32768	1632
G	32768 ～ 131072	65536
H	131072 ～ 524288	262144

$S(n) = S(n0)(n/n0)^{-\omega}$ ただし $n0 = 0.1(c/m)$: $\omega = 2$………①式

A から H の道路区分線は、両対数グラフに描くと図 5-13 に示すように等間隔の直線で表されます。A は極良の路面、B は良好の路面、C は普通からやや荒れた路面であり、国内の高速道路は A、一般路舗装路はほぼ A から C の範囲にあります。非舗装路は D、非舗装悪路は E から F、オフロードは G から H の範囲にあります。

グラフ中の実路面データは、灰色の曲線は『自動車技術ハンドブック』のグラフを模写したもので、赤色と青色の線は国土交通省が国内の一般的舗装路を計測したデータです。赤色は極端な段差などを含んでおり、青色はこのような部分を特異点として除いたデータです。

実線は計測値で、破線はISOの方法にならって筆者が数式化した線です。青線は標準的な路面で、赤線は極端に荒れた部分が連続した路面を表します。この後の計算例では青線を良路、赤線を荒路と称して使用しています。

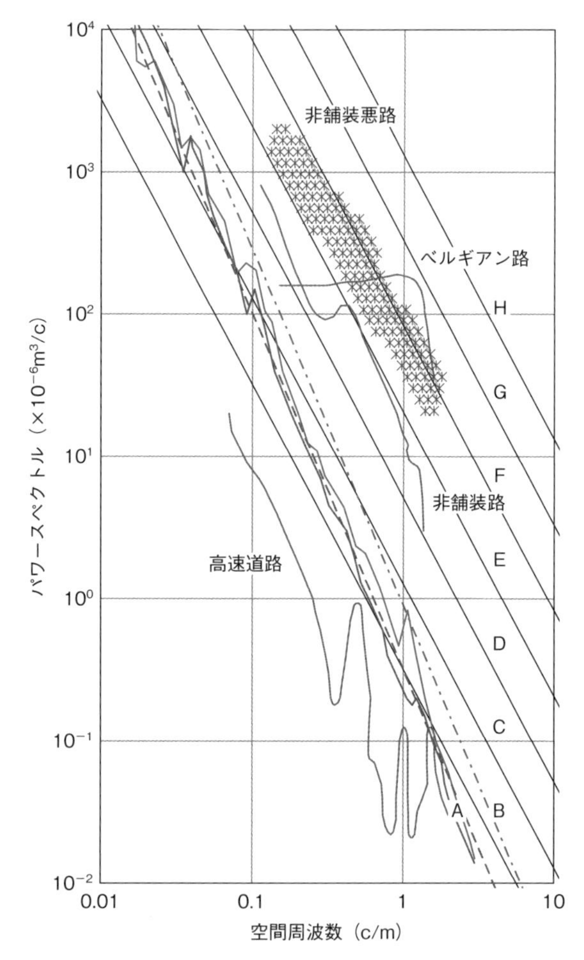

図5-13●空間周波数とパワースペクトルの関係
（出所：『自動車技術ハンドブック1 基礎・理論編』、自動車技術会、p353、2004年。国土交通省、http://www.nilim.go.jp/lab/bcg/siryou/tnn/tnn0180pdf/ks0180013.pdf。両データを基に筆者が作成）

例えば、A–B区分線の基準値の空間周波数 0.1（c/m）は、波長に換算すれば 10（m）です。S(n) のパワースペクトル値から振幅を求めるには、S(n) 値 32（$\times 10^{-6}m^3/c$）に波長 0.1（m）を掛けて平方根をとります。この場合の振幅は実効値であることから、相当する正弦波の振幅（片振幅）とするには$\sqrt{2}$倍します。すると、$\sqrt{(32\times 0.1)}\times\sqrt{2}=2.53$（$\times 10^{-3}$m）=2.53（mm）となります。こうして求めた波長と振幅の関係のグラフを図 5–14 に示します。

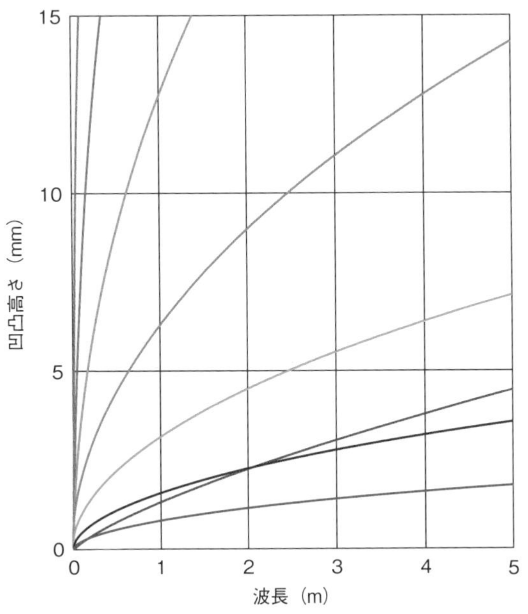

図 5–14 ●波長と振幅の関係
ISO 路面凹凸区分と国内一般路
（作成：筆者）

ばね下質量が増加する具体的な例として、軽乗用車を改造してインホイールモーターのEVにする場合について振動特性を計算してみます。ベース車両を1人（65kg）乗り時の車両質量が700kg前後で荷重配分が50％として、1輪当り175kgの車両を例に計算します。

ベース状態を、一般的な値として、ばね下質量を30kg、ばね上質量を145kgに設定すると、

ばね上、ばね下の質量比は、$R = 4.83$

タイヤの縦ばね定数を$k1 = 300000$（N/m）、サスペンションのばね定数をホイールレートで$k = 18000$（N/m）とすると、

ばね下固有振動数は$\omega 1 = 100.0$(rad)(15.9(Hz))

ばね上固有振動数は$\omega 2 = 11.1$(rad)(1.77(Hz))

となります。

ショックアブソーバーの減衰力を$C2 = 970$（N･s/m）とすると、

減衰係数比は$\zeta = 0.30$

となります。

減衰力の設定はクルマの性格によって0.2〜0.8程度まで幅があるので、このベース状態でζを変化させ、操縦安定性の指標となる接地荷重

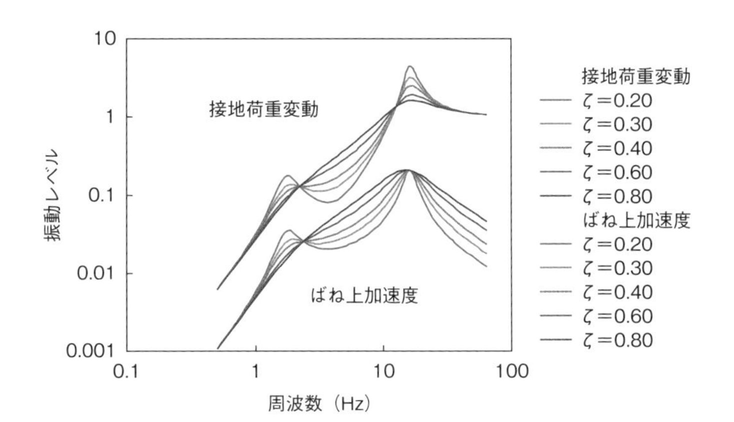

図 5-15●減衰力による振動特性の変化
ζ変形時の振動レベルの変化（R＝4.83 f1a＝15.9 f2a＝1.77 一定）
（作成：筆者）

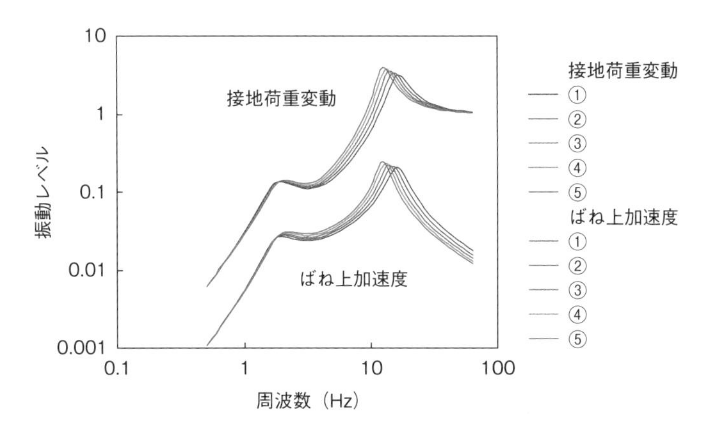

図 5-16●ばね上、ばね下質量比による振動特性の変化
変化時の振動レベル変化（ばね定数と減衰力一定）
（作成：筆者）

変動 G3 と、乗り心地の指標となるばね上加速度 G4 の変化を見ます（図 5-15）。振動レベルは無次元化するために接地荷重変動ではタイヤばね定数の代表値で、振動加速度では共振周波数の代表値で割っているの

で、どれを代表値に使うかで縦軸の目盛が若干変化します。

ばね下共振点の振動レベルはζを大きくすることで接地荷重変動のピーク値を抑えることができますが、ばね上加速度のピーク値はあまり変化しません。ばね下質量を5kgずつ増加させ、その分、ばね上質量を減少させたときの振動レベルの変化を見ます（図5-16）。このとき、タイヤとサスペンションばね、ショックアブソーバーは変更しないものとします。この場合の各定数は下記の①（ベース）から⑤のようになります（図5-16～5-20に共通）。

① R＝4.83　ζ＝0.300　ω1＝15.9　ω2＝1.77

② R＝4.00　ζ＝0.306　ω1＝14.7　ω2＝1.80

③ R＝3.38　ζ＝0.311　ω1＝13.8　ω2＝1.84

④ R＝2.89　ζ＝0.317　ω1＝13.0　ω2＝1.87

⑤ R＝2.50　ζ＝0.323　ω1＝12.3　ω2＝1.91

減衰力は同一なので、減衰係数比はばね上質量の減少に伴って増加し、接地荷重変動もばね上加速度もあまり変化しないように見え、性能への影響の程度が分かりづらいグラフになっています。

次に、実路面走行での入力に対するばね上加速度（G）、および接地力（接地荷重変動の最低値の静止時接地荷重に対する割合）で表してみました（図5-17）。接地力がマイナスのときはタイヤに離地が発生していることを示します。

実路面の振幅は良路（国内一般路の特異点を除いたデータの中央線）

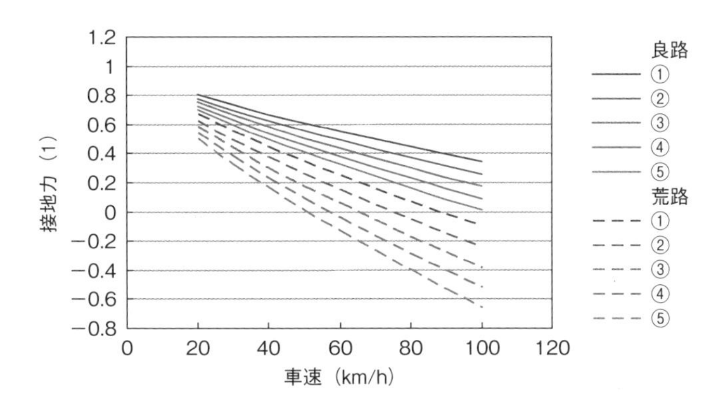

図 5-17 ●実路面走行での最低接地荷重の車速による変化
（作成：筆者）

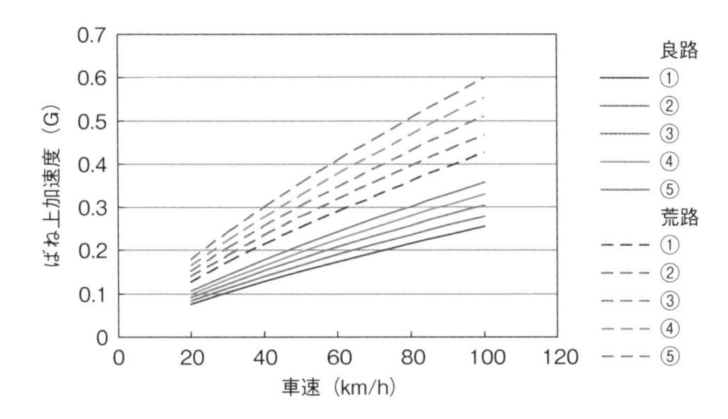

図 5-18 ●実路面走行でのばね上加速度の車速による変化
（作成：筆者）

と荒路（特異点を含むデータの上限線）について計算した結果を下記に示します。

接地荷重変動の振動レベルでは読み取れなかった接地力の低下がよく分かります。荒路において R＝2.5 では接地力の低下が著しく、50km/h 程度で接地力がマイナスとなって離地が発生しています（図 5-18）。

ばね上加速度も悪化がよく分かり、R＝2.5ではベースの約1.4倍になっています。接地荷重変動のピークは減衰力を上げることで抑えることができますが、ばね上加速度を抑えることはできません。タイヤのばね定数を下げることは両方に効果があります。

次に、速度が60km/hの一定走行時における接地力、およびばね上加速度について減衰力変更とタイヤばね定数変更の効果を見てみます。

①がベースの状態です。⑥は⑤に対し減衰力を上げてζ＝0.55にしたもの、⑦は⑤に対しタイヤばね定数を下げて$\omega 1$＝10としたものです。

減衰力を上げることに関しては、接地力低下のピーク値はベース並みにすることができていますが、ばね上加速度のピーク値を下げることができていないことがはっきりと分かります（図5-19）。タイヤばね定数を下げることで、接地力とばね上加速度の両方のピーク値をベース並に抑えることができています（図5-20）。タイヤばね定数を下げた場合は、ばね下共振周波数は10.1（Hz）と軽自動車の標準的範囲からは外

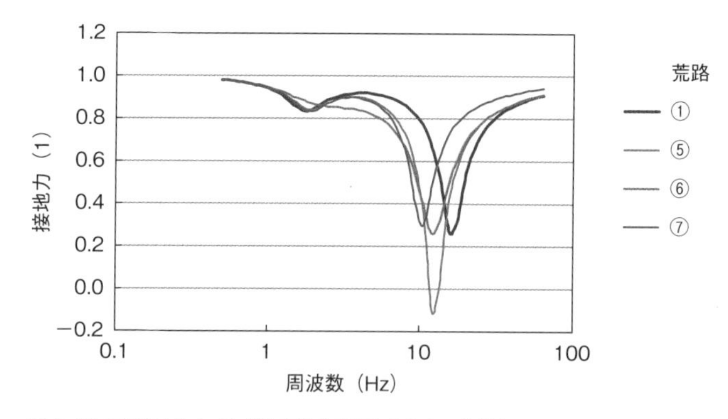

図5-19●減衰力とタイヤばね定数を変更したときの接地力
（作成：筆者）

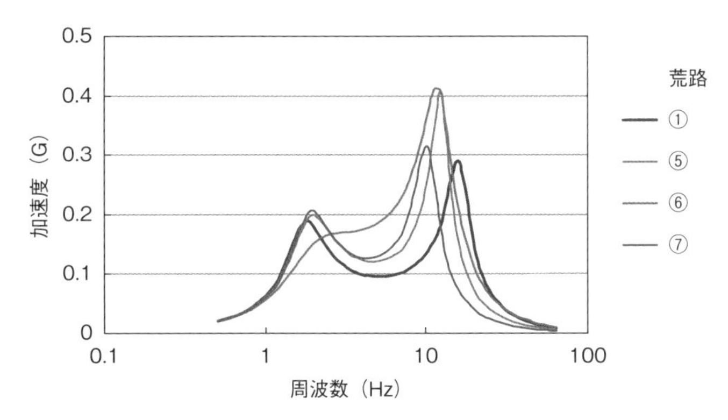

図 5-20 ●減衰力とタイヤばね定数を変更したときのばね上加速度
（作成：筆者）

れますが、小型車の標準的範囲には収まっているので問題ありません。タイヤの空気圧調整や偏平率の大きいタイヤの選択でばね定数を下げることが可能です。

5.5　ステアリング機構構想

[1] ステアリングの基本機能

ステアリング装置の役割は、運転者の意図する方向にクルマを向かわせることです。その作動メカニズムは運転者が操作したステアリングホイールの舵（かじ）取り力をギアで大きな力に変換し、リンク機構を介して車輪をキングピン周りに回転させるものです。

[2] ステアリング機構

内燃機関自動車（エンジン車）の場合、エンジンや変速機とその他の

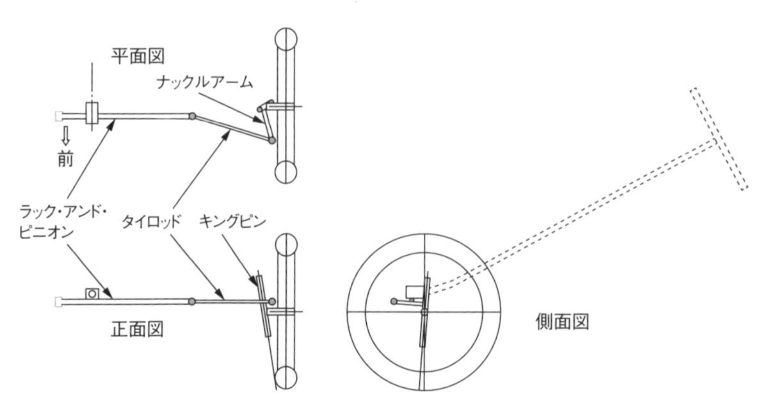

図 5-21 ●ステアリング機構の概略
（出所：筆者）

補機類が多く配置されており、ステアリング機構の通しは楽ではありません。タイロッドの通しは車軸の前を通すタイプと後ろを通すタイプがあり、他の部品との配置関係で適切な方を選びます。

本構想計画のマイクロ EV では、フロント車軸周りに他の部品が配置されていないので、ステアリングリンクおよびシャフトをすんなりと通すことができます。ステアリングギアで現在普及しているものはボールスクリュー式とラック・アンド・ピニオン式です。

本構想計画では、機構が単純で部品の入手が楽なラック・アンド・ピニオンを選定します。ステアリング機構の概略を図 5-21 にします。

[3] ステアリングの舵角と最小回転半径

(1) 内外輪の舵角

・アッカーマンジオメトリ

遠心力を無視できるごく低速での旋回を考えると、各車輪が共通の一

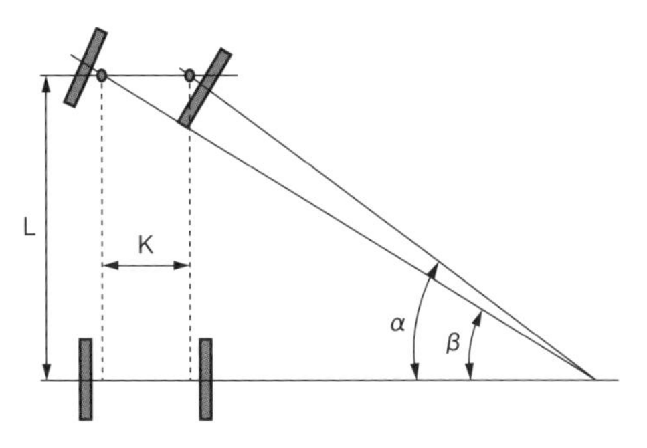

図 5-22●アッカーマンジオメトリ
（出所：筆者）

点を中心に旋回すればタイヤに横滑りが生じません。後輪車軸中心線の延長上の一点に、前輪左右の回転中心がくるようにしたものをアッカーマンジオメトリと呼びます（図 5-22）。

L＝軸間距離、K＝キングピン間距離、α＝内輪舵角、β＝外輪舵角とすると、

$$K/L = \cot\beta - \cot\alpha$$

となります。

これに対し、内輪舵角と外輪舵角にあまり差のない（$\alpha \fallingdotseq \beta$）ものをパラレルジオメトリと呼びます。中速以上の旋回では横力が働いてスリップアングルが生じるので、旋回中心は後輪車軸中心上から外れます。中速以上ではアッカーマンジオメトリよりも若干パラレルジオメトリに寄った方がよい面があるといわれています。

実際の車両で全舵角をアッカーマンジオメトリに合わせることは困難

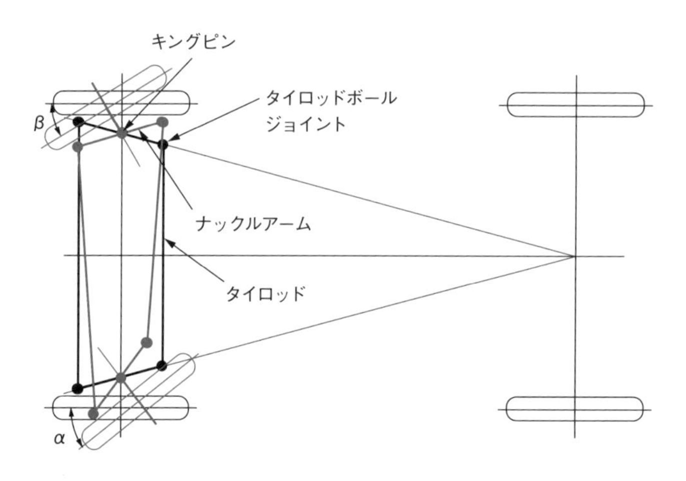

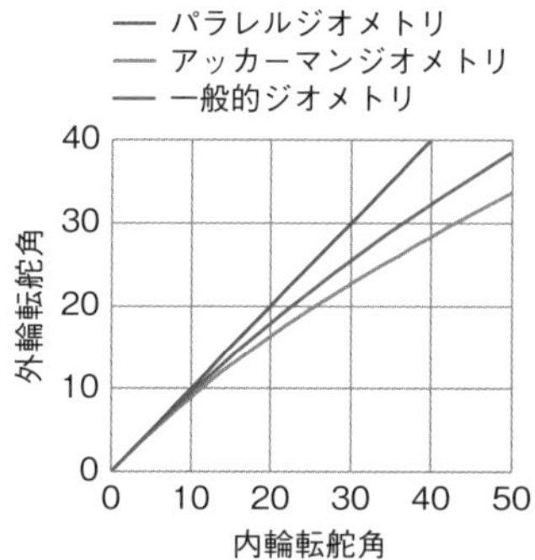

図 5-23●簡易的アッカーマン配置法
（出所：『自動車技術ハンドブック 6 設計（シャシ）編』、自動車技術会、p142、2016 年）

です。実用上アッカーマンに近い舵角を得る簡易的手段として、図 5-23 に示すように直進時のナックルアームの向き（キングピンの回転中心とタイロッドボールジョイントの中心を結ぶ直線）が後輪軸の中心を通るように配置する方法があります。

一般的な車両ではアッカーマンとパラレルの中間のジオメトリが選ば

れています。

(2) ステアリングリンクの動きの作図

本構想計画のステアリングリンクの動きを図5-24に示します。下のグラフはアッカーマンジオメトリとの比較です。

(3) 最小回転半径

自動車の最小回転半径は、最大転舵の状態でごく低速で旋回したときに、外側前車輪中心面の接地点の軌跡で測ります。本構想計画の最大転舵角は次の通りです。

外輪　43.7°

内輪　58.8°

ラックストローク　±90（mm）

最小回転半径　2.53（m）

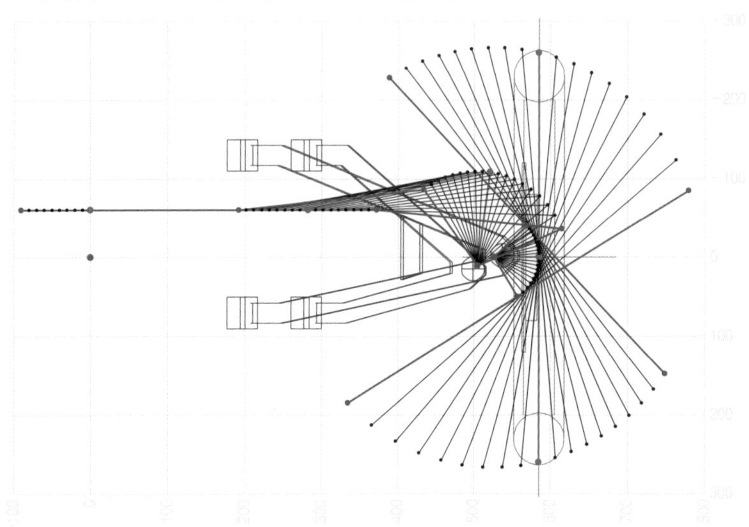

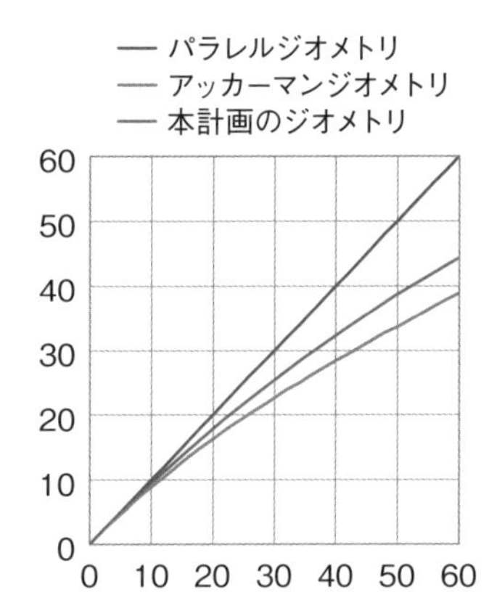

図 5-24 ● ステアリングリンクの動きの作図
（出所：筆者）

5.6 ブレーキ

[1] ブレーキの基本機能

ブレーキ装置は、車両の速度を運転者の意志に従って減速し、車両を停止させて、停止中に車両が動き出さないようにするものです。車輪に取り付けられたホイールブレーキを運転者の操作するペダルやレバーから、油圧やケーブルで伝えられた力でローターやドラムにブレーキパッドを押し付けることにより、車両の持つ運動エネルギーを摩擦で発生する熱エネルギーに変換することで制動力を得ます。このため、車両質量に比例し、速度の2乗に比例した制動力が必要となります。

[2] ブレーキの種類

乗用車などの一般的な車両のホイールブレーキには、大きく分けて**ディスクブレーキ**と**ドラムブレーキ**があります。ディスクブレーキはドラムブレーキに比べて放熱性に優れ、効きが安定していますが、ドラムブレーキはリーディングシューに自己倍力作用があり、操作力に対して高いブレーキ効力を得ることができます。

ディスクブレーキで運転者の操作力のみでは十分な制動力が得にくいときは倍力装置を用います。

[3] ブレーキの制動力

ブレーキ時の接地荷重は、重量（質量）配分と重心高さによって決まります。制動減速度×車両質量と重心高さの積のモーメントが発生するため、接地荷重が前輪側に移動します（第7章7.3「負荷荷重計算」D1ケース参照)。これにより、後輪の接地荷重が低下して後輪ロックが発生すると、車両の挙動が不安定になります。これを避けるべく、前後輪の制動力の配分を決める必要があります。

(1) ディスクブレーキの制動力（図5-25）

ディスクブレーキの制動力 Fb＝μ･f･r/R0

r：車軸からブレーキパッドまでの距離

R_0：車輪有効半径

F：ホイールシンダからの力

μ：ブレーキライニングの摩擦係数

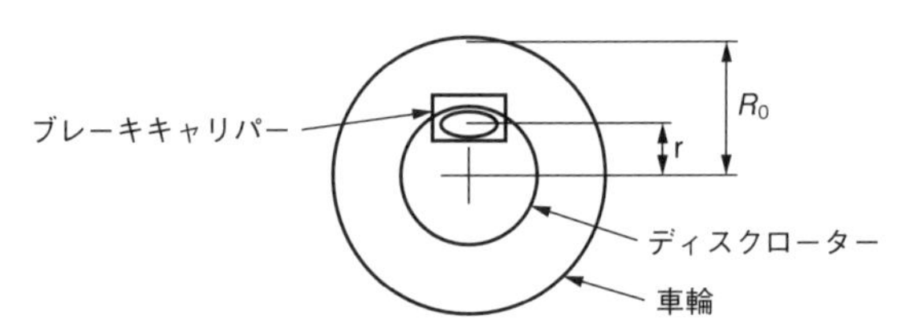

図5-25●ディスクブレーキの制動力
（出所：筆者）

(2) ドラムブレーキの制動力（図5-26）

ドラムブレーキの場合は若干複雑になり、リーディングタイプの場合の制動力Fdは

$$Fd=\frac{\mu P_0 R^2(\cos\theta_1-\cos\theta_2)}{R_0}$$

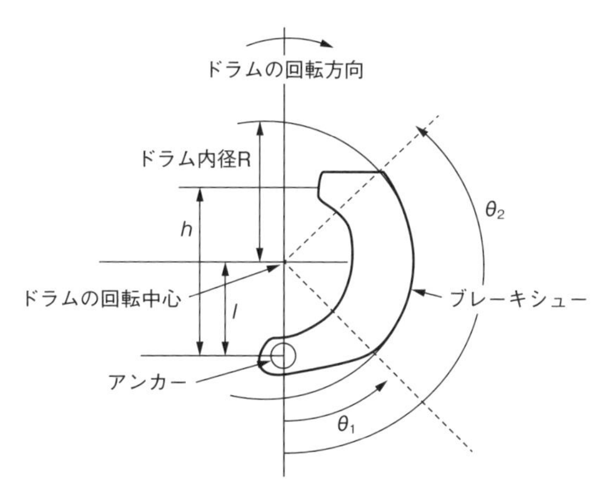

図 5-26 ● ドラムブレーキの制動力
（出所：筆者）

ただし、

$$P_0 = \frac{4Fh}{R[2l(\theta_2 - \theta_1) - l(\sin 2\theta_2 - \sin 2\theta_1) + 4\mu R(\cos\theta_2 - \cos\theta_1) - \mu l(\cos 2\theta_2 - \cos 2\theta_1)]}$$

R_0：車輪有効半径

μ：ブレーキシューの摩擦係数

5.7 室内主要寸法と乗員配置計画図

主要各部の概略構想ができたところで、再び全体配置図に戻ります。概略の配置を描いた図を実寸で描いていきます。

[1] 側面図

まず、乗員（運転者）の位置について、体形ごとの着座姿勢が適切に

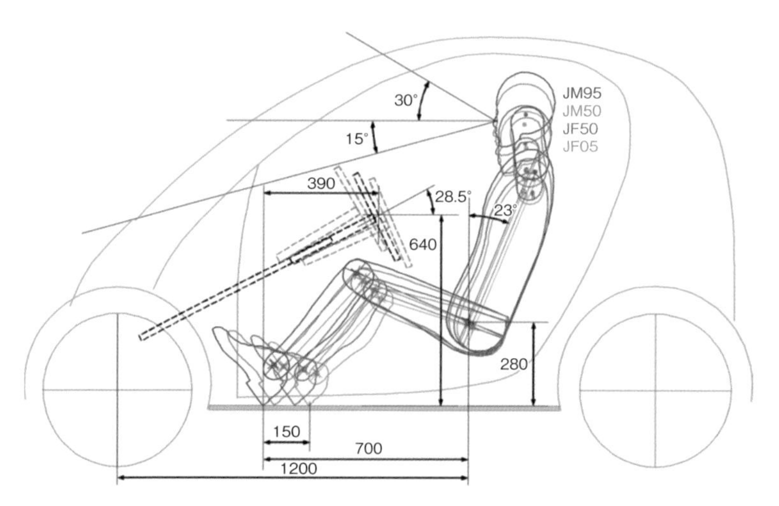

図 5-27 ●室内主要寸法（側面図）
（出所：筆者）

なるように重ね描きします。その側面図を図 5-27 に示します（図でオレンジ色は JF05、ピンク色は JF50、緑色が JM50、青色は JM95 です。第 3 章表 3-2 を参照）。

本構想計画ではシートを車体部材として使って固定型にするため、ペダルとステアリング（チルト・アンド・テレスコピック）をスライドさせます。乗員の配置は運転者にとって視認性の良いアイポイント高さと乗降に楽な高さを踏まえ、H-Point は乗用車としてはやや高めの 280mm とします。

また、バックアングルは乗車運転姿勢として疲労の少ない標準的な 23° とします。こうしてヒップアングルや、ペダル操作に適したニーアングル、フットアングルなどが決まり、運転姿勢が定まってきます。

ステアリングハンドルは、乗車姿勢で操作のしやすいショルダーポイントからの距離と高さ、腕の動き方向に合わせたハンドル角度などで決めます。ペダルは各体形のかかとの位置からスライド量を150mmに設定します。

[2] 平面図

乗員中心を車体中心から右65mmに設定し、室内幅は乗員が運転するのに必要な最小寸法+左側に収納スペースを設けて、ゆったりと感じられる寸法に設定しました。室内幅は760mmです。図5-28に平面図を示します。

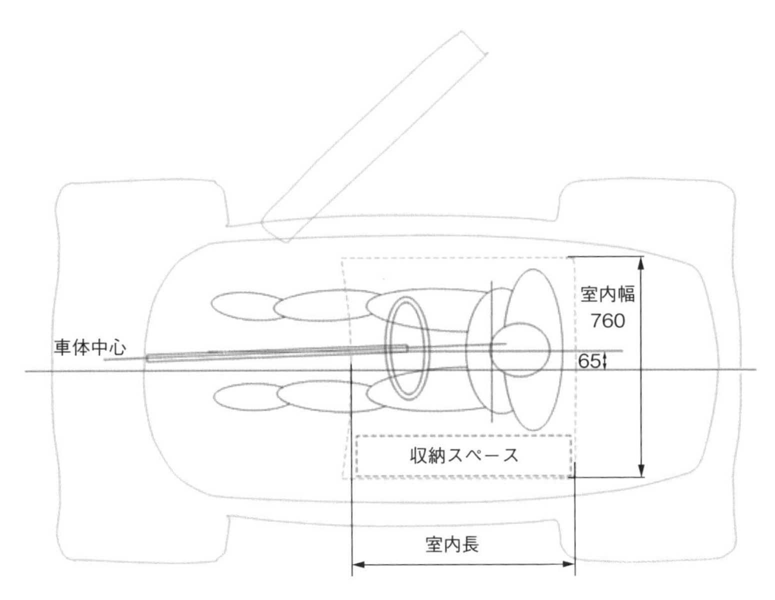

図5-28●室内主要寸法（平面図）
（出所：筆者）

[3] 正面図

JM95でも十分なヘッドクリアランスのとれる高さとして、室内高を1165mmに設定、サイドレール部と側頭部のクリアランスは十分余裕が感じられる160mmに設定しました。

図5-29の正面図で見ると、頭とサイドレールの隙間、窓肩高さとアイポイントの関係、左側に設けた収納部で物理的にも視覚的にもゆったり感が得られているのが分かります。

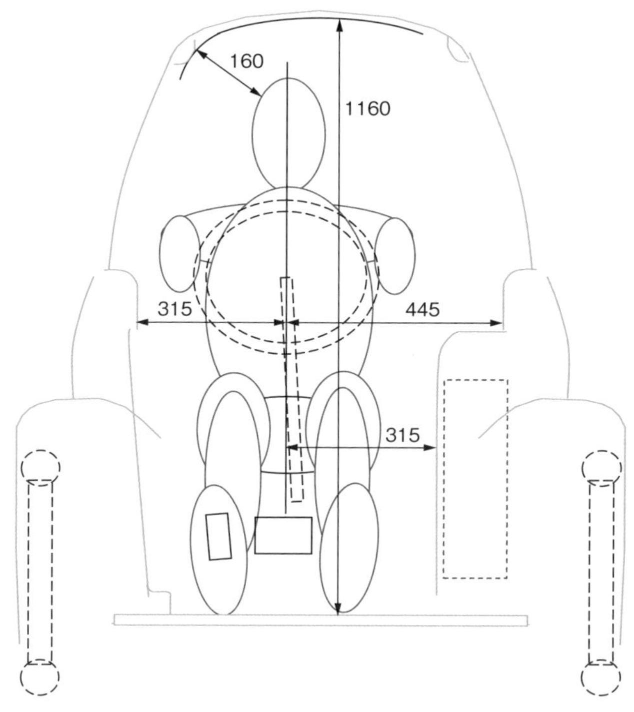

図5-29●室内主要寸法（正面図）
（出所：筆者）

第6章

電装関係概要

第6章 電装関係概要

今回試作した「Mag-E1（マギー1)」は、道路運送車両法において第一種原動機付自転車四輪に区分されます。道路交通法施行規則では、総排気量（定格出力）が50cc以下（電動式では0.60kw以下）と規定されています。また、補機として前照燈や警音器、方向指示器、窓拭器、車幅灯、非常点滅表示灯、番号灯、尾灯、制動灯、後退灯などの装備が義務付けされており、各性能について同基準で詳細に規定されています。

電気自動車（EV）の中で最も性能を左右する重要な部品は、車輪駆動用モーターと電池（バッテリー)、充電装置です。マギー1の試作では走行性能を検証することを目的に、これらの3部品に注目して製作しました。

6.1 システム図

図6-1にマギー1のシステム図を示します。バッテリーは1ブロック24Vとし、2個を直列に接続して、48Vのリチウムイオン2次電池を使用しました。また、充電のために各ブロックごとに充電ポートを設けました。

バッテリーの出力は、短絡時などの異常電流が流れたときに負荷を遮断するブレーカーを介し、左右後輪のインホイールモーター駆動用インバーターに給電します。インバーターは電動2輪車のインホイールモーター駆動用のものを転用しました。

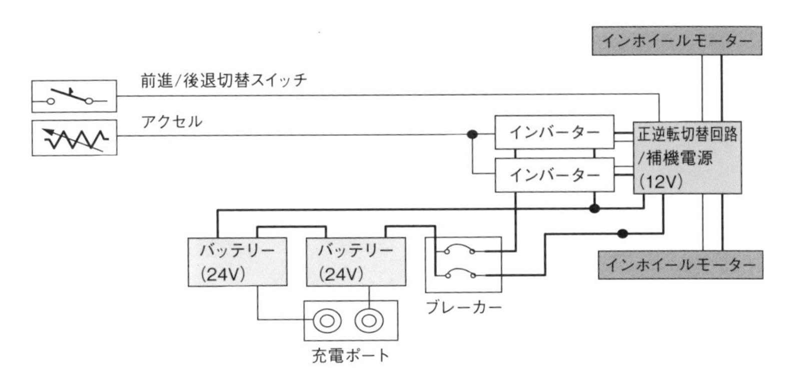

図 6-1 ●マギー1 のシステム図
(出所：筆者)

2 輪車の性質上、後退（バック）の機能がありません。ただし、インホイールモーターには機械的なブレーキ機構があり、車体への取り付け時にこの機構を車体内側にくるように取り付けると、左の車輪の回転方向が逆方向になって、モーターの回転方向を切り替える回路を外部に付加しなければなりません。この正逆転切り替え回路により、前進・後退を実現しています。

また、この中には補機用電源としてニッケル水素 2 次電池（12V、2Ah）を内蔵しています。電動 2 輪車用のアクセルは回転とともに 0～5V の電気信号が出力されます。マギー1 ではこの出力を分岐し、2 個のインバーターに入力しました。

6.2 駆動用モーター

駆動用モーターは、中国製の電動 2 輪車のインホイールモーターを採

図 6-2 ●中国製の電動 2 輪車
（出所：筆者）

表 6-1 ●インホイールモーター仕様
（出所：筆者）

項目	仕様
形式	アウターローター型ホール IC 付き三相
マグネットモーター	
極数	16 極
定格出力	295W×2
最大出力	1.75kW×2
定格電圧	48V
タイヤサイズ	10 インチ

用しました。中国では排出ガスの問題から多くの地域でエンジンを使用した 2 輪車の使用が禁止されています。そのため、電動 2 輪車が広く普及しており、安価で市場実績もあります（図 6-2）。これらの中に第一種原動機付自転車四輪の基準に適合可能なモーターもあることから、駆動用インバーターとセットでマギー1 に採用しました。

マギー1に使用したインホイールモーターの仕様を表 6-1 に示します。

車両に実装した場合の性能を予測する上で、さらに詳細な仕様や試験データなどが欲しいところですが、今回は電動 2 輪車の補修部品として

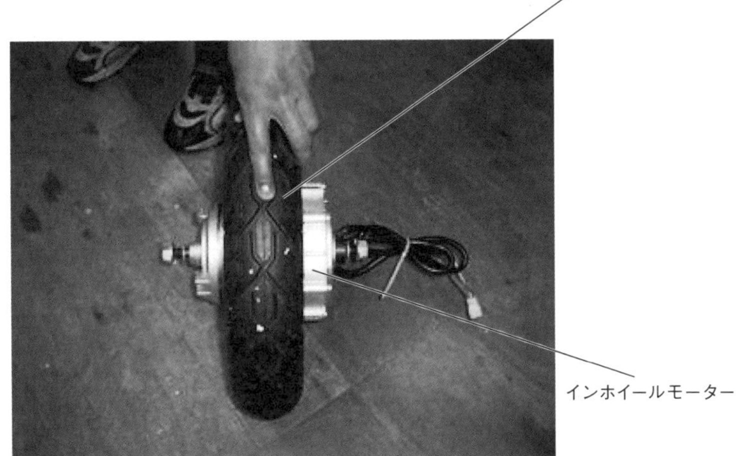

図 6-3 ●インホイールモーターの外観（その 1）
（出所：筆者）

図 6-4 ●インホイールモーターの外観（その 2）
（出所：筆者）

購入した関係上、これ以上の資料を入手することができませんでした。

図6-3および図6-4はインホイールモーターの外観写真です。図6-5はブラケットを外したモーターの内部構造の写真です。固定子（ス

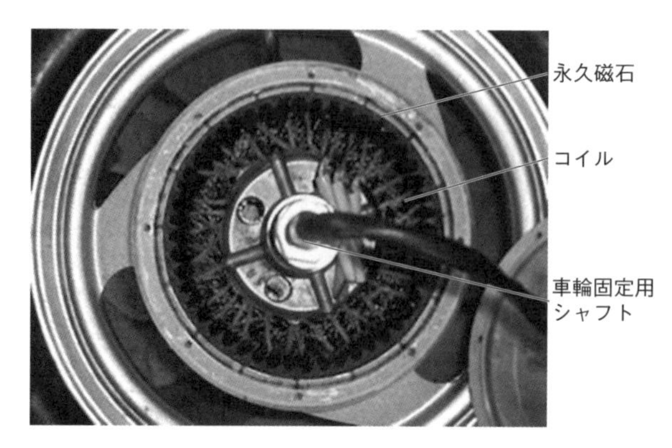

図 6-5 ●モーターの内部構造
（出所：筆者）

テーター）の巻線は分布巻きの構造で、回転子（ローター）の磁石にはネオジム系永久磁石を使用しています。モーターの引き出し線 3 本とホール IC 回路の引き出し線 5 本は、中空構造とした車輪固定用のシャフトから引き出しています。

6.3 正逆転切替回路／補機電源（12V）

図 6-6 に正逆転切り替え回路／補機電源の回路図を示します。左右後輪のモーターとその各々の駆動用インバーターの間に接続されます。

モーターからは固定子巻き線として U 相と V 相、W 相の固定子巻き線の 3 本と、回転子の磁極位置検出器の出力として U 相と V 相、W 相の 3 本、回路駆動電源の 5V およびグランド（GND）の 2 本の計 5 本の信号線があり、専用のインバーターに接続されます。

モーターの回転方向を変えるには、U 相と V 相、W 相の固定子巻き

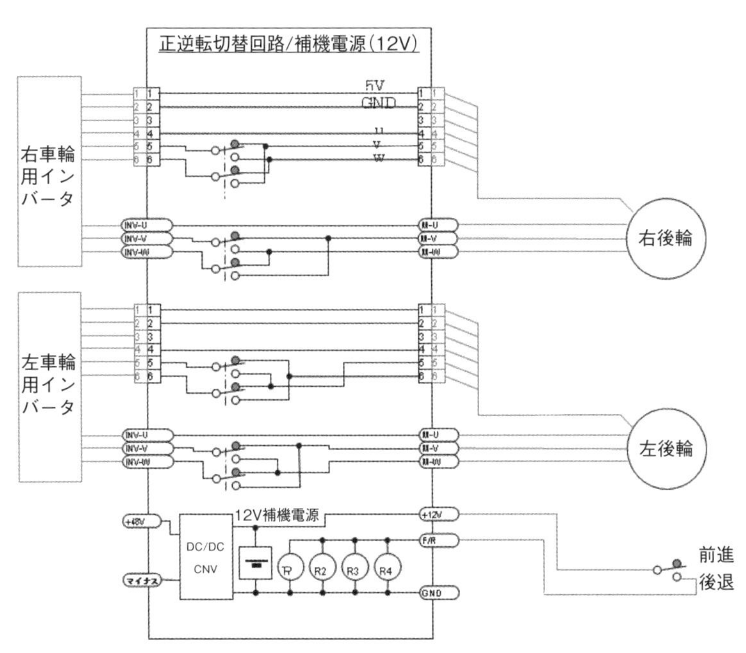

図 6-6 ●正逆転切り替え回路／補機電源の回路図
（出所：筆者）

線のどれかを切り替えると同時に、磁極位置検出器の対応する相も切り替えることで実現できます。本回路では固定子巻き線および磁極検出器のV相とW相をリレー接点で切り替えることで実現しています。

補機電源は、12V、2Ahのニッケル水素2次電池を使用。主電源（48V）をDC/DCコンバーターで12Vに降圧し、補機電源を常に充電することで実現しました。2Ahの容量はクルマの補機電源としては極端に少ないのですが、セルモーターが不要であることに加えて、ランプ類を白熱電球からLEDに換えて消費電力を低減するなどの工夫で、EVとしての走行距離を損なうことがないように配慮しました。

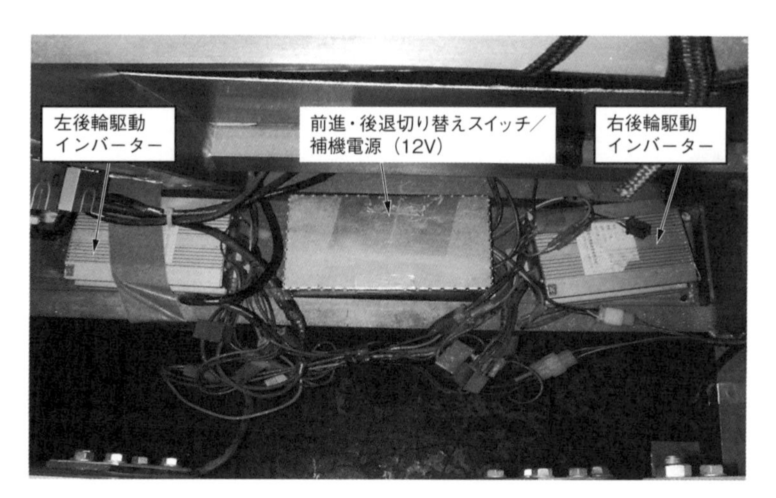

図 6-7 ●前進・後退切り替えスイッチとインバーターの外観と配置
（出所：筆者）

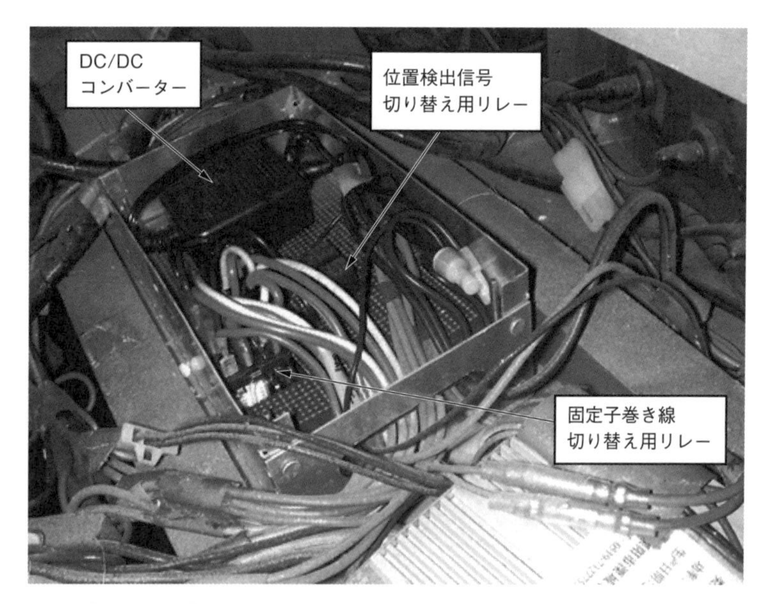

図 6-8 ●リレーの配置
（出所：筆者）

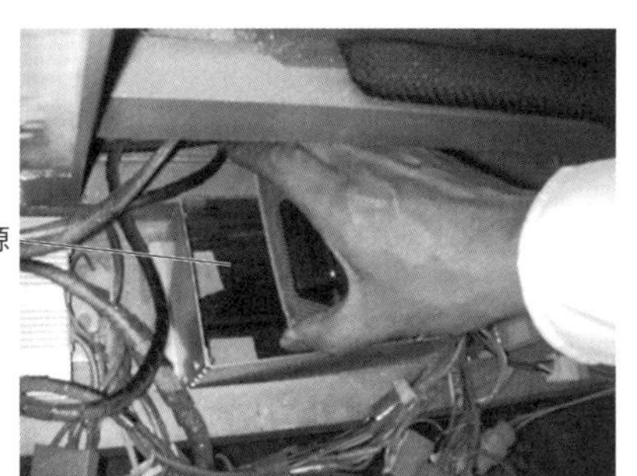

図 6-9 ● 補機電源の配置
（出所：筆者）

また、補機電源は「前進／後退スイッチ」を通してモーターの回転方向を切り替えるリレーの電源にもしています。R1、R3 は位置検出信号の切り替え用リレーで、電流が少ないことから形状は小型で済みますが、接点に金めっきを施した微小電流用を使用しました。

R2、R4 には、モーターの固定子巻き線を切り替えるために大電流用の接点を持つリレーを使用しました。図 6-7 に前進・後退切り替えスイッチとインバーターの外観と配置を示します。図 6-8 はリレーの配置、図 6-9 は補機電源です。

6.4 バッテリー

EV においてバッテリーは最も重要部品です。その性能がクルマとしての性能を大きく左右します。マギー1のバッテリーはNECラミリオンエナジー（現エンビジョン AESC ジャパン）製のリチウムイオン 2 次電池を使用しました。この電池は EV 用に開発された電池で、急速充放電

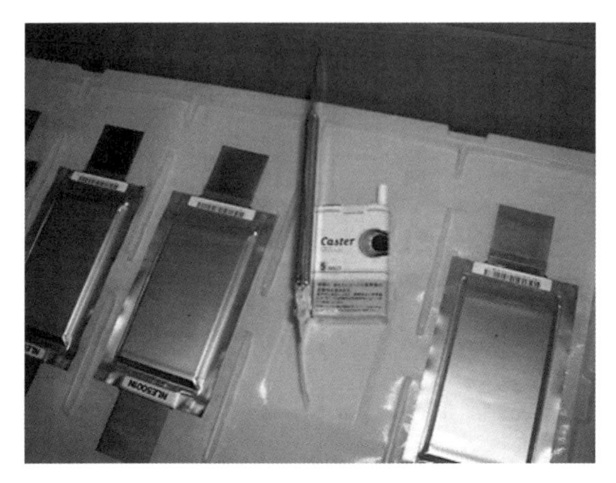

図 6-10 ●電源セルの外観
（出所：筆者）

が可能です。15 分間で満充電の 80 %まで急速充電できる特徴を持っています。図 6-10 に電池セルの外観を示します。

外観構造は平角型で、電池本体は樹脂製フィルムでラミネートされており、両端から正極と負極が出ている構造です。1 セル当たりの容量は 5Ah で、公称電圧は 3.6V。4 直列 2 並列の 8 セルを内蔵し、4V で 10Ah の容量の電池ボックスとしました。この電池ボックスを 2 個直列に接続し、48V10Ah の容量としてマギー1 に搭載しています。図 6-11 に電池ボックスのセル接続図を示します。

また、市販の 12V バッテリー用充電器で充電できるように、センタータップ（12V）を設けました。図 6-12 に電池ボックスの外観を示します。

電池ボックスの底板と天板には、急速充放電時のセルの放熱を良くするためにアルミニウム合金製パンチングメタルを使いました。側板に

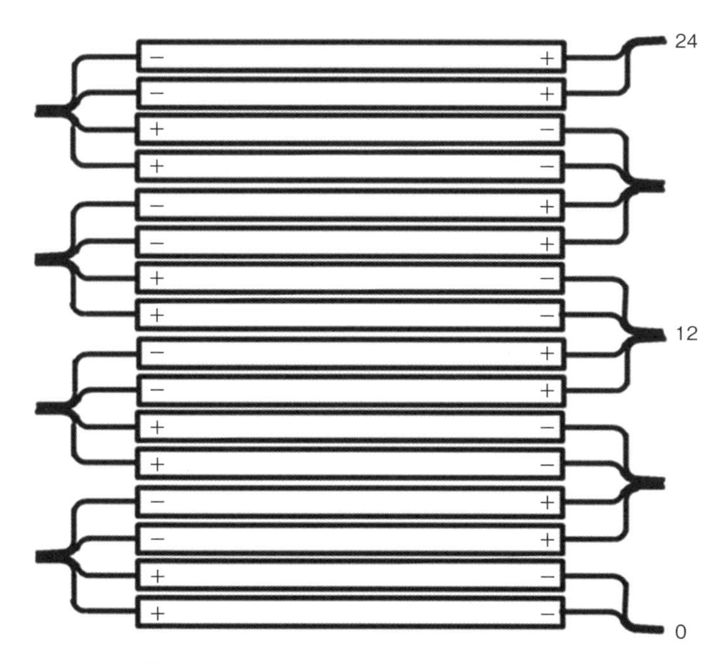

図 6-11 ●電源ボックスのセル接続図
（出所：筆者）

図 6-12 ●電池ボックスの外観（その 1）
（出所：筆者）

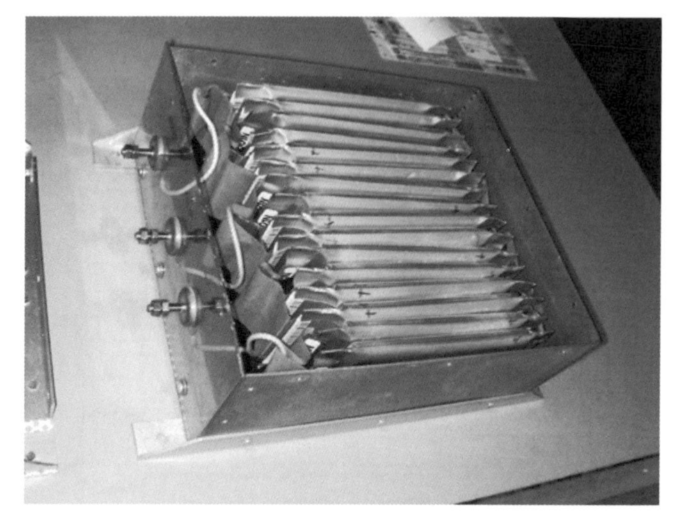

図 6-13 ●電池ボックスの外観（その 2）
（出所：筆者）

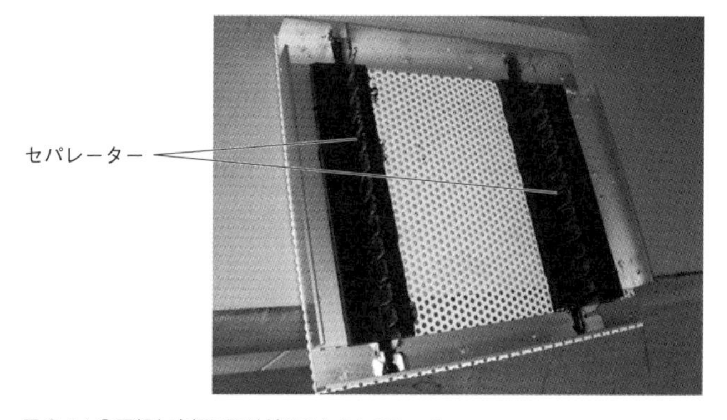

図 6-14 ●天板と底板に取り付けられたセパレーター
（出所：筆者）

は、質量低減のために難燃性マグネシウム合金を使用。前面は内部の様子が観察できるように透明な難燃性塩化ビニルを使用しました。

図 6-13 は天板を外した状態の電池ボックスです。16 個のセルの配

置を示しています。セル間は放熱のため、さらに走行時の振動によるセルの絶縁ラミネートの損傷を防ぐために、1mmの間隙を設けています。このセル間の隙間は、天板と底板に取り付けられたセパレーターでセル電極を支えることで確保しています（図6-14）。

6.5 充電器

図6-15に電池ボックスと充電器の接続を示します。充電器は入手の容易さから市販のクルマ用12V充電器を使用しました。電池ボックスの12V端子ごとに、計4個の充電器を接続しています。充電ポートには市

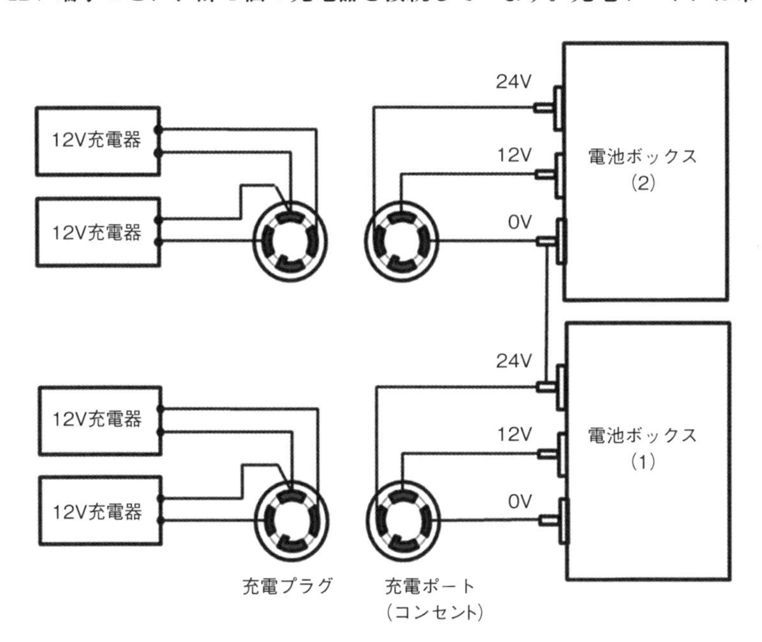

図6-15●電池ボックスと充電器の接続
（出所：筆者）

図 6-16●運転席脇の充電ポートとブレーカー
（出所：筆者）

販の3相コンセントを使用し、雨水などを考慮して運転席の脇にブレーカーと共に配置しました（図6-16）。

リチウムイオン2次電池を満充電するには、セルの電圧が4V程度になったときに満充電になったと判断して充電を完了させます。クルマに使用する場合は高電圧が必要になるため、セルを何個も直列に接続して必要な電圧を得ています。この場合、充電は各セルの電圧を各々正確に監視し、セルが1つでも満充電の電圧になったら充電を完了させなければなりません。

しかし、各セルの電圧を正確に監視するには複雑な電子回路が必要です。そこで、マギー1ではセルをギリギリまで充電することを避けました。すなわち、充電深度を浅くすることにより、セルの電圧監視回路を省略しました。市販の充電器の充電電圧は13.8Vでセル4個を充電することから、1セル当たりの電圧は3.45Vとなります。

6.6 アクセル

アクセルは、電動2輪車用にインバーターとセットで使用しているものを使い、リンク機構を使ってマギー1のアクセルペダルと連動するようにしました（図6-17）。

アクセルからの出力はペダルの踏み具合で0～5Vで変化します。インバーターはこの信号を入力とし、モーターの回転を停止から最高回転数まで制御します。マギー1では1つのアクセル信号を分岐し、2つのインバーターに信号を入力しました。

6.7 まとめ

マギー1は限られた予算と日程の中で製作したため、電装関係の主要部品は中国製電動2輪車の部品を活用しました。加えて、EVの心臓部ともいえるリチウムイオン2次電池は、電池メーカーの協力を得てセル

図6-17●アクセルペダルとリンク機構
（出所：筆者）

を供給してもらうことで電池ボックスを作製しました。

完成後の試運転では、予想を超える加速感と軽快な走りを得られたことに関係者一同、感動を覚えました。難燃性マグネシウム合金を使用するなど徹底的な軽量化に取り組むことで、実用に十分耐えられるクルマづくりができることを確信しました。

ただし、企業が本格的にマイクロEVの生産に取り組む場合は、このクラスに適したモーターとインバーター、バッテリーを開発することが望ましく、多額の開発費と関連技術を保有する企業の協力が必要となることでしょう。

第7章

基本構造図面の作成

第7章 基本構造図面の作成

7.1 車体フレームの基本構造

車体フレームの具体的な構造を描いていきます。フレーム部材には、溶接可能な**難燃マグネシウム合金**の押し出し材を使用しました。この材料は伸びが少なく、小さな曲げR（曲率半径）で曲げるのは困難です。しかし、「軽量」という大きなメリットがあるため、今回の超小型EV（以下、マイクロEV）の材料として選びました。

そこで、直部材の溶接での結合を主とし、冷間曲げが可能な大きなRの曲げ部材を加えた構造としました。

図7-1が基本となる車体フレーム下側です。梯子（はしご）型フレームとペリメーターフレームを合わせたような形の角パイプフレームに、ハニカム（皿の字断面の押し出し材）タイプの床材を加えた構造（プラットフォーム）としました。これで基本的な曲げねじりを受けます。

このプラットフォームに、車体フレームの上側の部材を結合させていきます（図7-2）。フロントピラーロアとセンターピラーに、乗員を保護する**ロールバー**的機能を持たせます。曲げ加工のしやすさから、センターピラーには丸パイプの、他の部分には角パイプの押し出し材を使用しました。センターピラーにはさらに、斜交（はすか）い部材を付けてシートベルト（ショルダーアンカー荷重）を受けられるようにしています。

続いて、車体強度部材を兼ねたシートフレームやピラーアッパー、バ

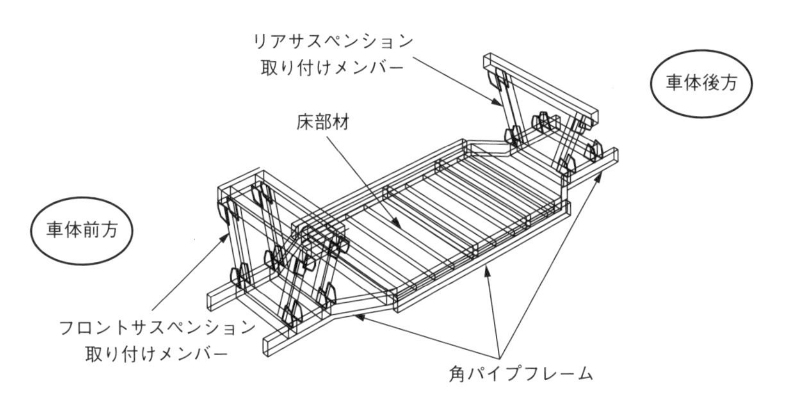

図 7-1 ●車体フレーム（下側）
（出所：筆者）

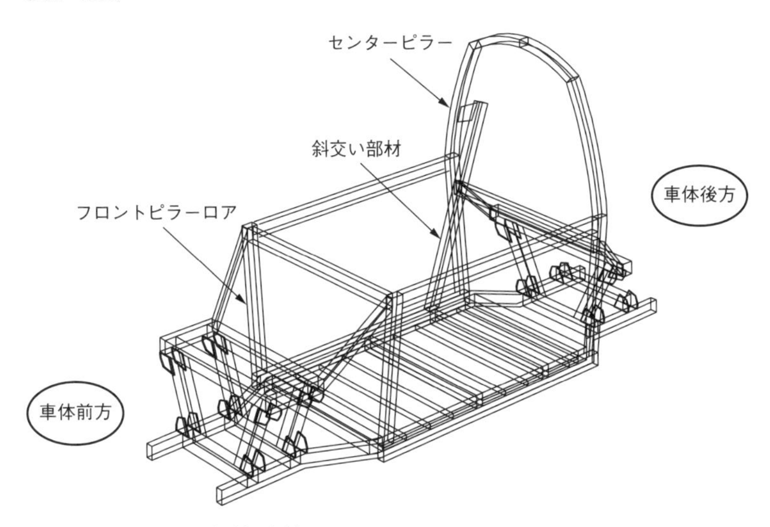

図 7-2 ●車体フレーム（下側＋上側）
（出所：筆者）

ンパーなどを追加していきます。車体フレームの上部には、曲げ加工のしやすい丸パイプを使用し、ガラスや車体外板を支える「X」字形のフレームでピラーアッパーを形成して結合します。全体としてはプラット

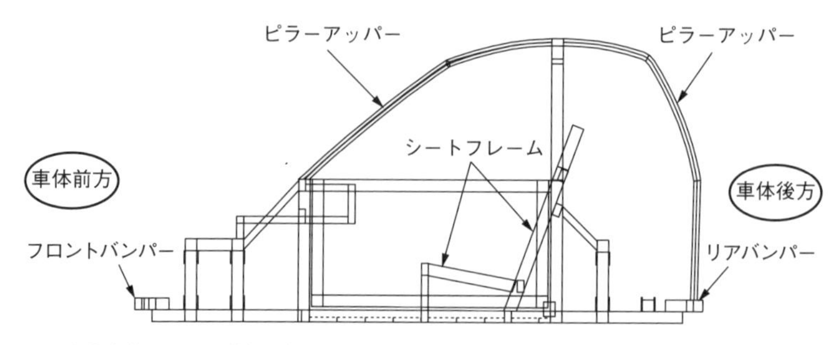

図 7-3 ●車体フレーム（側面図）
（出所：筆者）

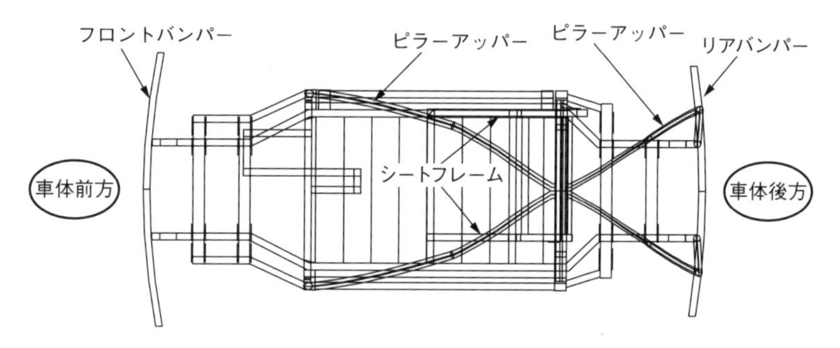

図 7-4 ●車体フレーム（平面図）
（出所：筆者）

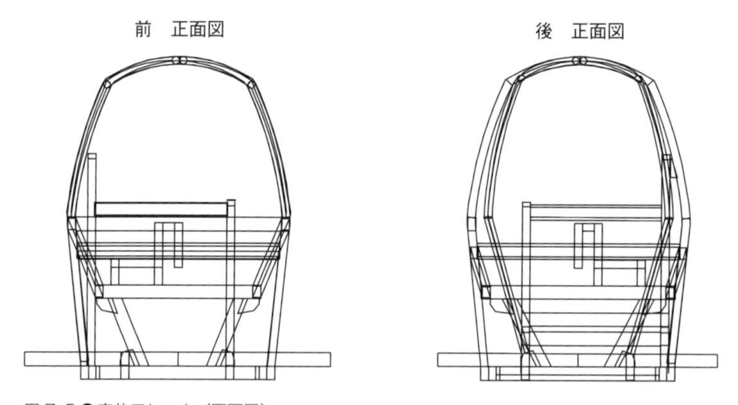

図 7-5 ●車体フレーム（正面図）
（出所：筆者）

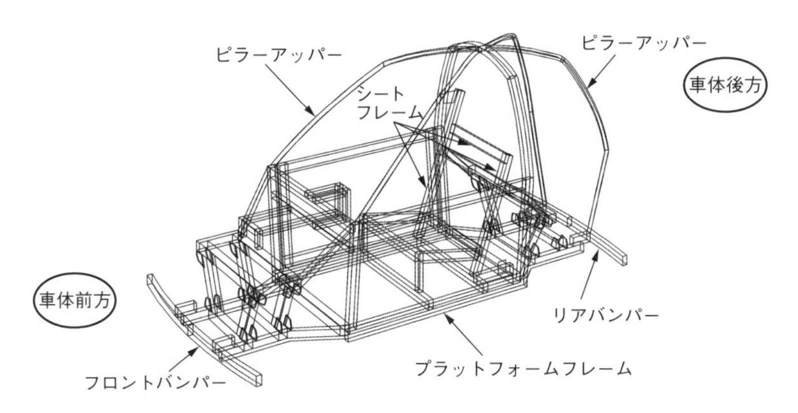

図 7-6 ●車体フレーム（斜視図）
（出所：筆者）

フォームフレームとスペースフレームを組み合わせたような形の車体フレームとなっています。車体フレームの側面図を図 7-3 に、平面図を図 7-4 に、正面図を図 7-5 に、斜視図を図 7-6 に示しました。

7.2　全体構造図

[1] 車両全体の斜視図

主要部品を描き込んだ車両全体の斜視図を図 7-7 に示します。黒色の線で描いたのがボディーフレーム、青グレー色の線がタイヤ、緑色の線がサスペンション、青色がステアリング、紫色がペダル、ピンク色が乗員と、色分けして表示しました。

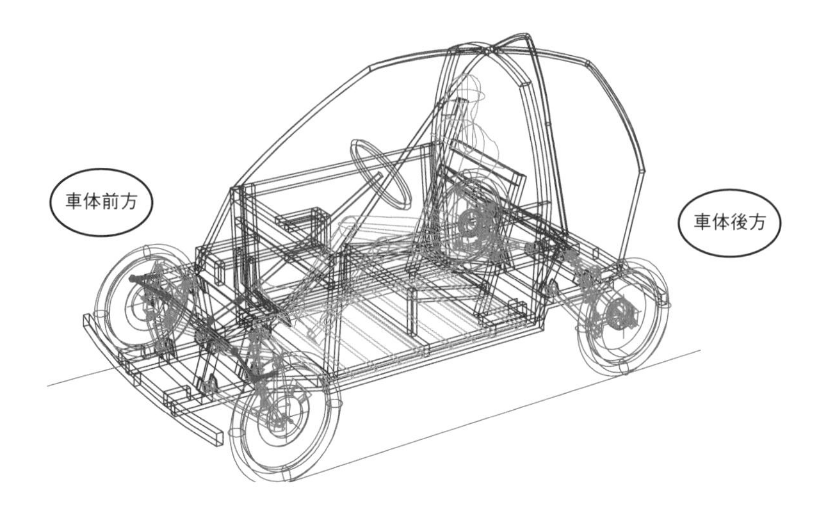

図 7-7 ● 車両全体の斜視図
（出所：筆者）

[2] フロントホイール周りの斜視図

図 7-8 にフロントホイール周りを拡大表示した斜視図を示します。緑色の線で描いたのがサスペンションです。上下共に A アーム（「A」字形のアーム）のダブルウィッシュボーン式サスペンションを採用しました。このサスペンションを、車体フレームに 2 つ設けた「逆台形」型のサスペンション取り付け部材に組み付けました。

青色の線はステアリングです。ギアにはラック・アンド・ピニオンを採用し、前側のサスペンション取り付け部材に組み付けました。茶色の線はブレーキです。ディスクブレーキを採用し、キャリパーはサスペンションのナックル部分に取り付けています。

紫色の線はペダルです。ここには描いていないスライド機構を介し、

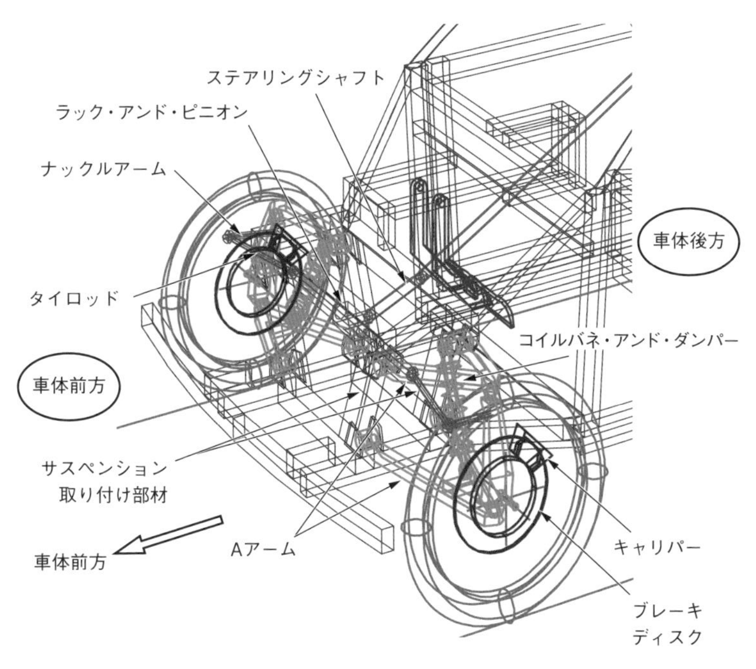

図 7-8 ●フロントホイール周りの斜視図
（出所：筆者）

後ろ側のサスペンション取り付け部材と、フロントカウルをつなぐステアリングシャフトの取り付けと兼用のブラケットに取り付けました。

[3] リアホイール周りの斜視図

リアホイール周りを拡大表示した斜視図が図 7-9 です。緑色の線がサスペンションです。ロアがHアーム（「H」字形のアーム）、アッパーはIアーム（「I」字形のアーム）となっています。Hアームの前側とIアームはサスペンション取り付け部材に、Hアームの後ろ側は車体フレーム本体に取り付けます。

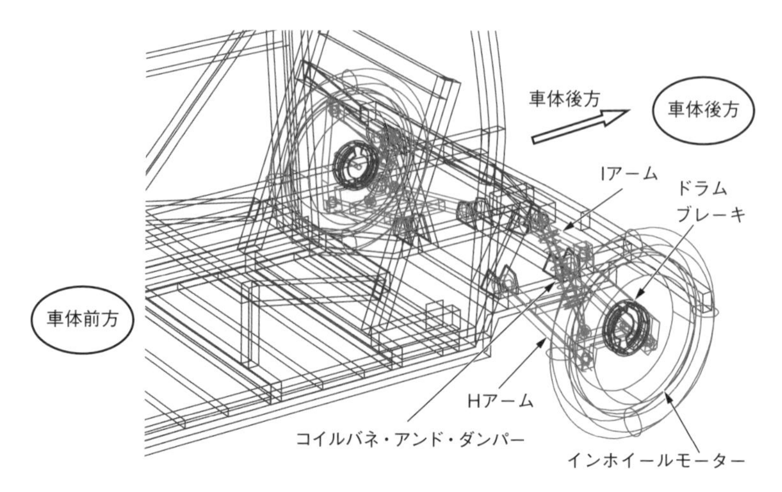

図 7-9 ●リアホイール周りの斜視図
(出所：筆者)

赤色の線はモーター部分で、アウターローターのインホイールモーターです。ホイールにはブレーキドラムが一体で形成されており、茶色の線のブレーキシューが内蔵されています。

7.3 負荷荷重計算

自動車の走行時にかかる荷重は静止時の数倍です。この荷重を**負荷荷重**と呼びます。自動車の負荷荷重については、1949 年（昭和 24 年）に自動車技術会によって作成された「自動車強度基準」が原型となり、1962 年（昭和 37 年）に作成された「自動車負荷計算基準」が 1964 年（昭和 39 年）の改定を経て現在に至っています。

代表的な負荷として次の 9 種類、34 ケースの荷重を設定しています

〔自動車技術会、『自動車工学便覧』、1974年（昭和49年）〕。

A.　対称上下荷重　A1～4
B.　非対称上下荷重　B1～2
C.　横荷重　C1～3
D.　対称前後荷重　D1～5
E.　非対称水平荷重　E1～8
F.　伝導トルク荷重　F1～2
G.　舵（かじ）取り装置荷重　G1
H.　操作荷重　H1～4
J.　特殊荷重　J1～3

これらのうち、A～Eまでについて以下に概要と計算式を記します。

A. 対称上下荷重

A1　下向荷重、同時乗り上げ：車両の各車輪が同時に平坦（たん）路から表面突起に乗り上げた場合（図7-10）。

負荷倍数は、次式で計算します。

$n = 1 + \delta_1 (kf + kr)/W$

Rf＝前輪反力＝$n \cdot W(b/S)$（kg）

Rr＝後輪反力＝$n \cdot W(a/S)$（kg）

kf、kr：前後のばね系の剛性（kg/mm）

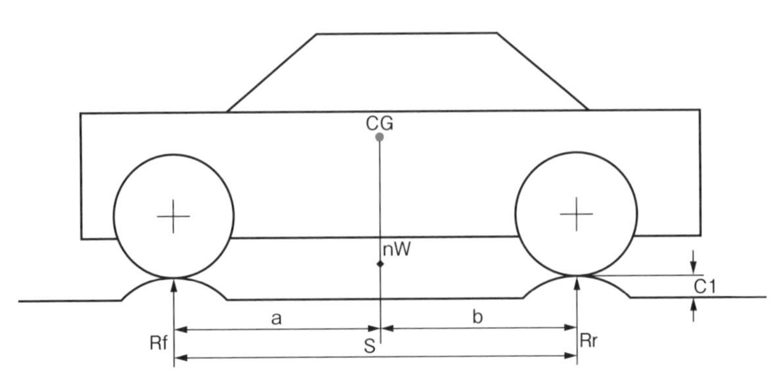

図 7-10●下向き荷重
（出所：自動車技術会編、『新編自動車工学ハンドブック』、pp.2-27、1970 年）

ばね系はショックアブソーバーおよびタイヤを考慮します。

ただし、以下の式が成り立ちます。

$\delta_1 = C_1/(1 + C_2/V_2)$

V＝車両の公称最大速度 （km/h）

C_1＝突起高さ定数

乗用車、小型貨物車 $C_1 = 80$（mm）

普通貨物車 $C_1 = 100$（mm）

$C_2 = 1000$（km/h）

なお、この計算の代わりに、n＝2.0 を使用することも可能です。

A2 下向荷重、単独落下：車両の前輪および後輪が別々に平坦路から地表凹所に落下した場合。

負荷倍数は、次式で計算します。

$$R = k\delta_2 = nRs$$

$$W_0(h - \delta_0 + \delta_2) = (k \times \delta_2^2 - k\delta_0^2)/2$$

ただし、

W_0＝ばね上質量（kg）

Rs＝静止時軸荷重反力（kg）

δ_0＝ばね系の初期たわみ（mm）

δ_2＝ばね系の最大たわみ（mm）

k＝ばね系の剛性（kg/mm）

h＝車両接地点の落差定数

乗用車、小型貨物車　hf＝100（mm）、hr＝120（mm）

普通貨物車　hf＝100（mm）、hr＝150（mm）

なお、この計算の代わりに、n＝2.5を使用することも可能です。

A3　上向荷重：車両の各車輪が地表を離れず、かつ車両重心位置に上向きに荷重が作用した場合（図7-11）。

負荷倍数は、次に示す値とします。

乗用車　n＝0.3

貨物車および乗合自動車　n＝0.5

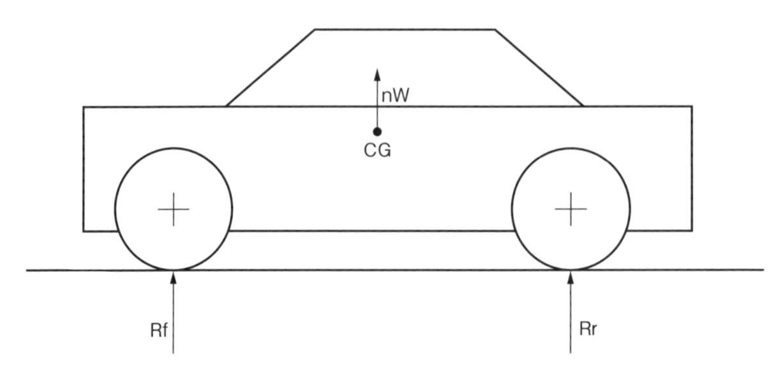

図 7-11 ●上向荷重
(出所：自動車技術会編、『新編自動車工学ハンドブック』、pp.2-27、1970 年)

A4　繰り返し上下荷重：車両が正規積載状態で水平路面を直線走行する場合。

負荷倍数は次に示す値とし、繰り返し回数は 10^7 とします。

車両全重量に対して　1 ± 0.5

足回り部材については各車輪の分担荷重に対して　1 ± 0.8

回転曲げを受ける部分では　± 1.2

B. 非対称上下荷重

これは、ねじり荷重です。この荷重の場合、4 輪自動車の場合は B1 か B2 かのいずれかに対して強度を満足すればよいとします。

B1　片車輪乗り上げ：前または後ろの片方の車輪が平坦路から静的に地表突起に乗り上げ、左右車輪の接地点の高さに h だけの差を生じている場合。

hは次の定数とします。

普通自動車　h＝300（mm）

小型自動車　h＝200（mm）

B2　片車輪落下：前（または後ろ）の片方の車輪が平坦路から静的に表面凹所に落ちて接地せず、その車輪分担荷重が全部他の側の車輪に作用している場合です。後ろ（または前）車輪には、これにつり合うような荷重を加えます。

C. 横荷重

C1　一様横荷重：車両は横方向の慣性力を受けるものとし、車輪荷重は次式で計算します（図7-12）。

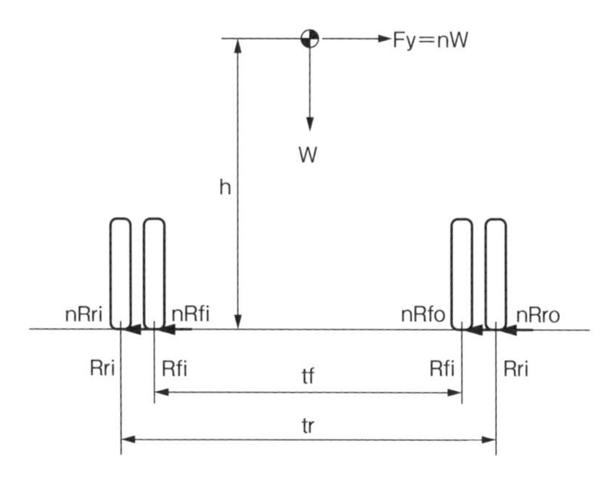

図7-12●一様横荷重
（出所：自動車技術会編、『新編自動車工学ハンドブック』、pp.2-28、1970年）

$$Rfo=(1/2)Rfs+n\cdot W\cdot h/(tf+tr\cdot a/b)$$

$$Rro=(1/2)Rrs+n\cdot W\cdot h/(tf/b/a+tr)$$

$$Rfi=(1/2)Rfs-n\cdot W\cdot h/(tf+tr\cdot a/b)$$

$$Rri=(1/2)Rrs-n\cdot W\cdot h/(tf\cdot b/a+tr)$$

ただし、以下に設定します。

乗用車　n＝0.6

貨物車、乗合自動車　n＝0.5

C2　特殊横荷重：車両の各車輪に静止時鉛直力とそのn倍の外向き横荷重が同時に作用するものとします（図7-13）。

$$Fz=(1/2)Rs$$

$$Fy=(1/2)n'\cdot Fz$$

ただし、以下に設定します。

乗用車　n′＝0.6

貨物車、乗合自動車　n′＝0.5

C3　繰り返し横荷重：正規積載状態の車両の各車輪に、静止時鉛直力とそのn′倍の内向きおよび外向きの繰り返し横荷重が同時に作用する

図 7-13 ●特殊横荷重
（出所：自動車技術会編、『新編自動車工学ハンドブック』、pp.2-28、1970 年）

図 7-14 ●繰り返し横荷重
（出所：自動車技術会編、『新編自動車工学ハンドブック』、pp.2-28、1970 年）

ものとします（図 7-14）。

ただし、以下に設定します。

乗用車　$n' = 0.30$

貨物車、乗合自動車　$n' = 0.25$

繰り返し回数は 10^7 とします。

D. 対称前後荷重

D1　前進不偏制動初期：水平路面上にある車両の各制動輪接地点に、静止時鉛直力とその 0.6 倍以上の後ろ向き水平力が同時に作用します。

D2　前進不偏制動後期：D1 の力に加え、制動によって車両重心にかかる慣性力によるモーメント荷重が作用します（図 7-15）。

ここでは、前後輪制動車の場合を考えます。

$$Rf = W(b + \mu h)/S$$

$$Rr = W(a - \mu h)/S$$

ただし　$\mu = 0.6$以上

D3　後進不偏制動初期：水平路面上にある車両の各制動輪接地点に、静止時鉛直力とその 0.6 倍以上の前向き水平力が同時に作用します。

D4　後進不偏制動後期：D3 の力に加え、制動によって車両重心にかかる慣性力によるモーメント荷重が作用します。車輪荷重は D2 の式の μ の値にマイナス符号を付けて計算すれば構いません。

D5　繰り返し前後荷重：車両が正規積載状態で走行する場合の繰り返

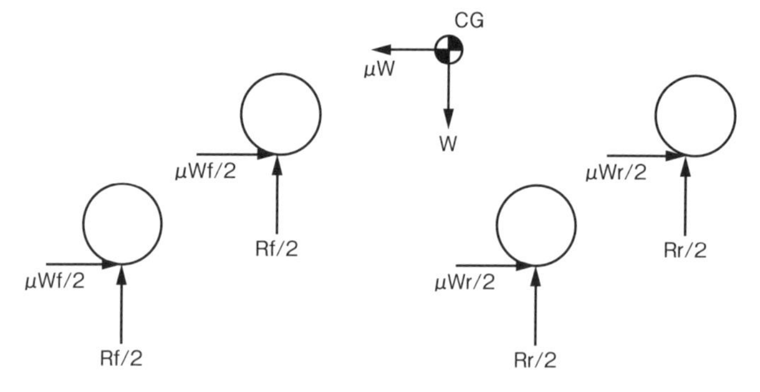

図 7-15 ●前進不偏制動
（出所：自動車技術会編、『新編自動車工学ハンドブック』、pp.2-28、1970 年）

し荷重として、水平路面上にある車両の各制動輪接地点に、静止荷重とその0.25倍の前後方向水平力が同時に作用します。

E. 非対称水平荷重

①前進偏制動

E1　前進前片輪制動初期：水平路面上にある車両の各制動輪中いずれか1つには、静止時鉛直力のみが作用します。その他の制動輪には車輪接地点に静止時鉛直力とその0.6倍以上の後ろ向き水平力が同時に作用します。

$$Rf = Rfs$$

$$Rr = Rrs$$

$$Fy = 0$$

E2　前進前片輪制動後期：E1の力に加え、制動によって車両重心にかかる慣性力によるモーメント荷重が作用します（図7-16）。

$$Rf = W(b + \mu h)/(S + \mu h/S)$$

$$Rr = W(2a - \mu h)/(2S + \mu h)$$

$$Fy = (\mu tf \cdot Rf)/8S$$

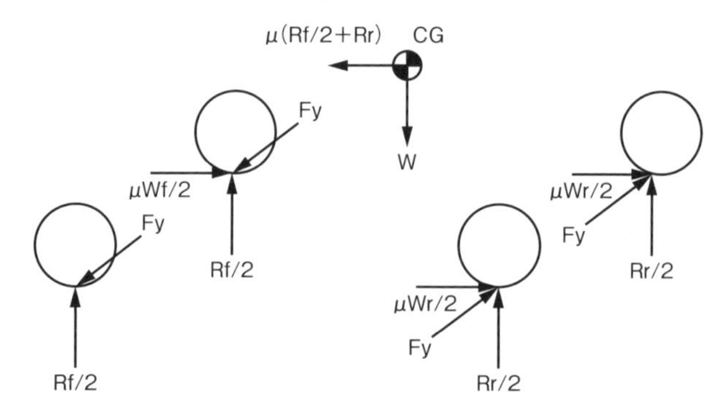

図 7-16 ●前進前片輪制動
（出所：自動車技術会編、『新編自動車工学ハンドブック』、pp.2-29、1970 年）

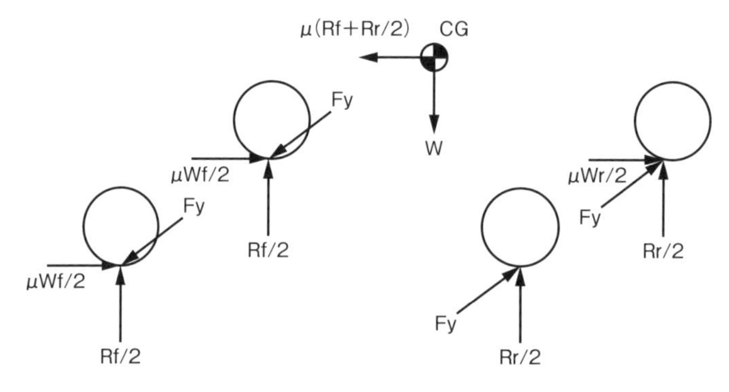

図 7-17 ●前進後片輪制動
（出所：自動車技術会編、『新編自動車工学ハンドブック』、pp.2-29、1970 年）

E3 前進後片輪制動初期：(図 7-17)

$$Rf = Rfs$$

$$Rr = Rrs$$

$$Fy = 0$$

E4　前進後片輪制動後期：

$$Rf = W(2b + \mu h)/(2S - \mu h)$$

$$Rr = W(2a - 2\mu h)/(2S - \mu h)$$

$$Fy = (tr \cdot Rr)/8S$$

②後進偏制動

後進偏制動について前項と同様の検討を行います。車輪荷重の大きさは、前項の各式において $\mu = -0.6$ 以上と置いて行います。

E5　後進前片輪制動初期

E6　後進前片輪制動後期

E7　後進後片輪制動初期

E8　後進後片輪制動後期

本構想計画の質量でA1～E8の負荷荷重計算を行った結果の表を表7-1に示します。

7.4　車体フレームの強度

[1] 質量分布

基本フレームや車体外板、各機構などのばね上質量分布を表7-2に示します。

表 7-1 ●負荷荷重計算書
（出所：筆者）

		垂直荷重 Rkg				水平荷重 Fkg								
						前後荷重 Fx				横荷重 Fy				
		前輪		後輪		前輪		後輪		前輪		後輪		
		Rfo	Rfi	Rro	Rri	Fxfo	Fxfi	Fxro	Fxri	Fyfo	Fyfi	Fyro	Fyri	
正規積載状態		47.9		55.3										
A 対称上下荷重	A1 同時乗上げ	95.9		110.6										n= 2.00
	A2 単独落下	119.8		138.3										n= 2.50
	A3 上向き荷重	14.4		16.6										n= 0.30
	A4 繰り返し上下荷重 足回り	47.9 ± 38.4		55.3 ± 44.2										1± 0.80
	回転曲げ	± 57.5		± 56.5										± 1.20
B 非対称上下荷重														
	B2 片輪落下 前軸 i 輪落下	95.9	0.0	7.4	103.3									
C 横荷重	C1 一様横荷重	76.6	19.2	88.4	22.2					46.0	11.5	53.1	13.3	n= 0.60
	C2 特殊横荷重	47.9		55.3						28.8		33.2		n′= 0.60
	C3 繰り返し横荷重	47.9		55.3						14.4		16.6		n′=±0.30
D 対称前後荷重	D1 前進不偏制動初期	47.9		55.3		28.8		33.2						μ= 0.60
	D2 前進不偏制動後期	67.4		35.9		40.4		21.5						μ= 0.60
	D3 後進不偏制動初期	47.9		55.3		−28.8		−33.2						μ= 0.60
	D4 後進不偏制動後期	28.5		74.7		−17.1		−44.8						μ= 0.60
	D5 繰り返し前後荷重	47.9		55.3		12.0		13.8						μ=±0.25
E 非対称前後荷重	E1 前進前片輪制動初期	47.9		55.3		0.0	28.8	33.2						μ= 0.60
	E2 前進前片輪制動後期	61.6		41.7		0.0	36.9	25.0		−5.8		5.8		μ= 0.60
	E3 前進後片輪制動初期	47.9		55.3		28.8		0.0	33.2					μ= 0.60
	E4 前進後片輪制動後期	63.6		39.6		38.2		0.0	23.8	−3.7		3.7		μ= 0.60
	E5 後進前片輪制動初期	47.9		55.3		0.0	−28.8	−33.2						μ= 0.60
	E6 後進前片輪制動後期	31.5		71.8		0.0	−18.9	−43.1		3.0		−3.0		μ= 0.60
	E7 後進後片輪制動初期	47.9		55.3		−28.8		0.0	−33.2					μ= 0.60
	E8 後進後片輪制動後期	34.9		68.3		−21.0		0.0	−41.0	6.4		−6.4		μ= 0.60

表 7-2 ●部位別質量
（出所：筆者）

	部位	重量 kg	重心 mm
1	フロントランプ類他	1.00	−300.0
2	フロントサスばね上	12.80	−25.0
3	ステアリング関係	2.63	188.3
4	ペダル類他	2.10	310.0
5	フロントガラス他	3.70	615.0
6	メーター SW 類	2.00	750.0
7	フレーム Assy 1	20.00	850.0
8	ハーネス類	1.00	850.0
9	ボディー外板 1	11.00	855.0
10	フレーム Assy 2	9.50	900.0
11	ドアパネルフレーム	5.00	900.0
12	メイン補機バッテリー	24.60	1050.0
13	シートバック	0.97	1100.0
14	シートクッション	1.05	1375.0
15	ボディー外板 2	5.00	1400.0
16	コントローラー他	4.00	1450.0
17	リアサスバネ上	4.90	1733.3
18	リアガラス他	1.20	1950.0
19	リアランプ類他	1.00	2050.0
		113.45	869.4

表の質量分布をグラフに表したものが図 7-18 です。

質量分布グラフのデータを使用してせん断力線図（SFD）、曲げモーメント線図（BMD）を作成します。質量と重力による上下荷重をボディー先端から積分していったものがせん断力に、せん断力を積分していったものが曲げモーメントになります。フレームは立体パイプフレームですが、ここではフロアのメイン部材で荷重を全て受け持つとして、単純な梁（はり）と考えて計算します。曲げモーメントをメインメンバー左右分の断面係数で割った値が応力となります。

[2] せん断力線図

せん断力線図は図 7-19 です。

[3] 曲げモーメント線図

曲げモーメント線図を図 7-20 に示します。

[4] 応力線図

フレームの断面特性を求めます。前後のサスペンションフレーム（以下、サスフレーム）部分は、幅 30×高さ 50×厚さ 1.8（mm）の角パイプでできています（図 7-21）。従って、片側で断面 2 次モーメント Iz＝92700（mm^4）、断面係数 Zz＝3700（mm^3）となります。一方、両側

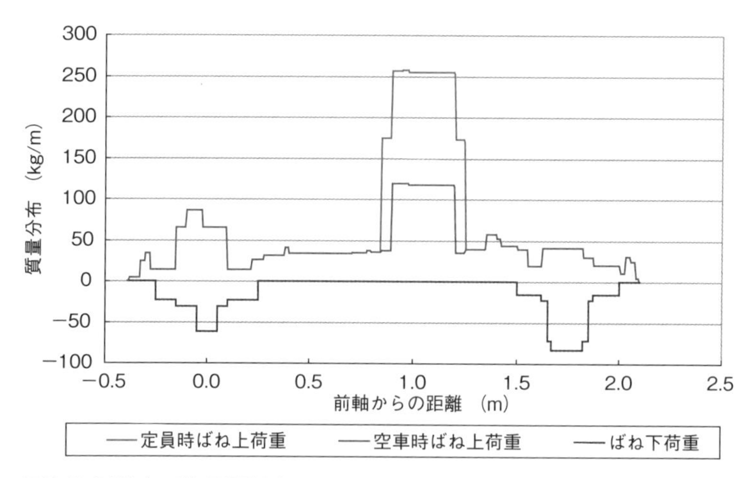

図 7-18 ●ばね上、ばね下質量分布
（出所：筆者）

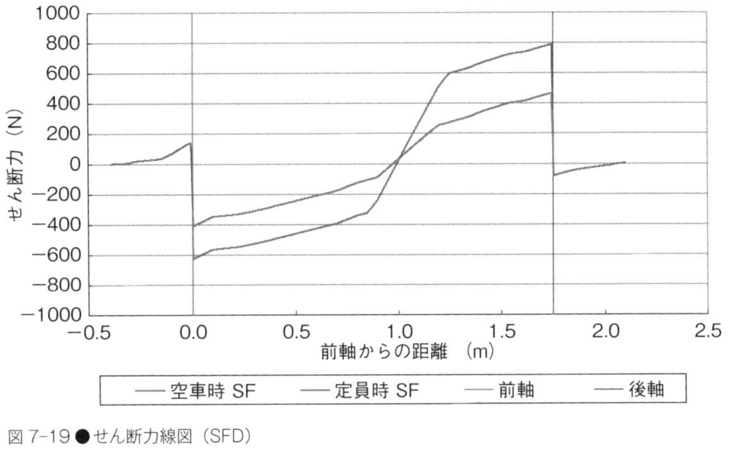

図 7-19 ●せん断力線図（SFD）
（出所：筆者）

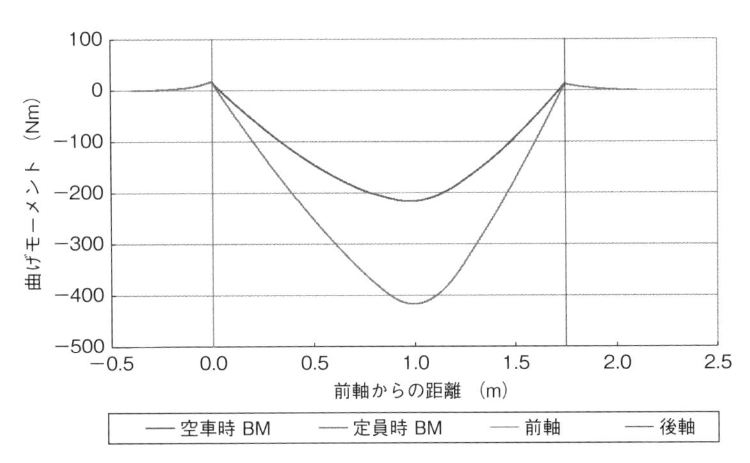

図 7-20 ●曲げモーメント線図（BMD）
（出所：筆者）

では断面 2 次モーメント Iz＝185400（mm^4）、Zz＝7400（mm^3）となります。

キャビン部分は、幅 30×高さ 50×厚さ 1.8（mm）の角パイプを 2 本

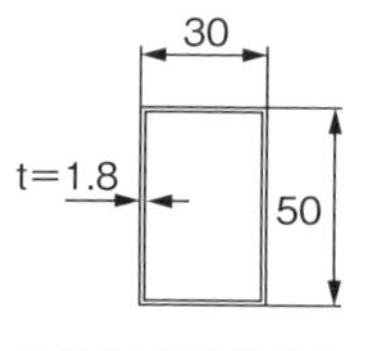

図 7-21 ● 前後のサスフレーム断面
（出所：筆者）

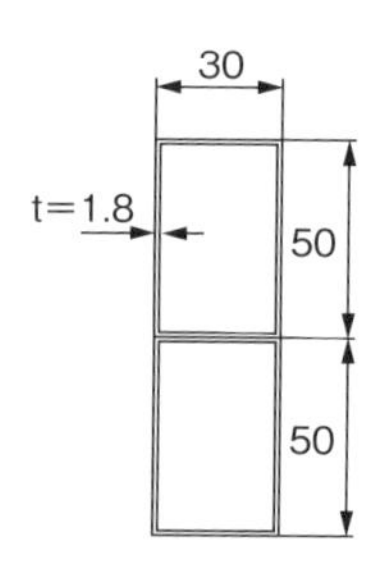

図 7-22 ● キャビン部分のフレーム断面
（出所：筆者）

組み合わせてできています（図 7-22）。従って、断面 2 次モーメント Iz＝529000（mm^4）、断面係数 Zz＝10580（mm^3）となります。両側では断面 2 次モーメント Iz＝1058000（mm^4）、断面 2 次モーメント Zz＝21160（mm^3）となります。

曲げ荷重による応力（曲げ応力線図）は図 7-23 のようになります。最大応力は、リアサスフレームの前端部で 25.6（N/mm^2）です。これに負荷荷重計算の倍率である 2.5 を掛けると、63.9（N/mm^2）となります。従って、マグネシウム合金材の許容応力である 294（N/mm^2）に対する安全率は 4.60 となり、一般的な判定基準安全率である 1.60 を十分に満足しています。

図 7-23 のグラフで見られるように、断面係数の急変によって応力線図が不連続となっている箇所があります。このような不連続部分では切り欠き効果を考える必要がありますが、安全率には十分な余裕があります。

ここで、曲げ荷重による応力の計算はフロアフレームのみで荷重を全て受け持つことにしています。実際にはサスフレームアッパーとフロン

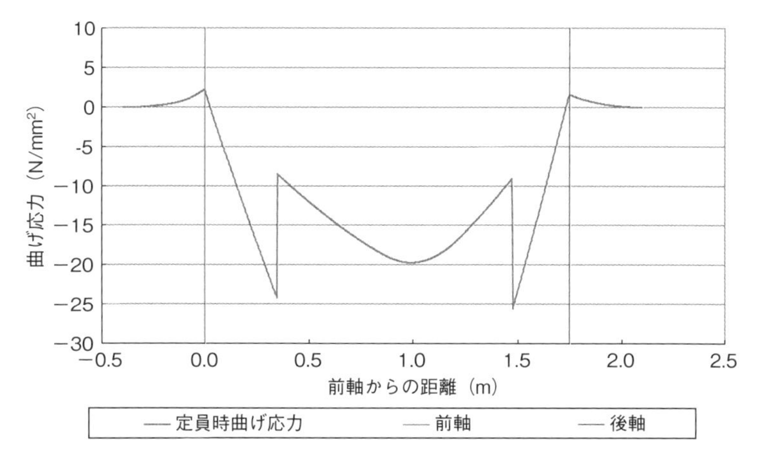

図 7-23 ●曲げ応力線図
（出所：筆者）

トピラーロアをつなぐ部材をこれと並列に設置しており、そこでも荷重を受け持つため、実際の安全率はさらに余裕があると考えて構いません。

7.5 図面段階のまとめ

[1] 主要諸元

構想段階の図面ができあがったところで主要諸元をまとめます。トヨタ車体のマイクロEV「コムス」の主要諸元との比較を表 7-3 に示します。

[2] 走行性能

(1) 走行抵抗とモータートルク特性

目標とするモーター（以下、目標モーター）は、2 輪で最大トルクが

表7-3●トヨタ車体のコムスの主要諸元
（作成：トヨタ車体の資料を基に筆者が作成）

		Mag-E1	コムス
寸法・重量	全長×全幅×全高（mm）	2480×1280×1370	2395×1095×1500
	室内長×室内幅×室内高（mm）	900×760×1160	
	ホイールベース（mm）	1750	1530
	トレッド（前／後）（mm）	1170／1170	930／920
	最低地上高（mm）	170	
	車両重量（kg）	160	420
	乗車定員（名）	1	1
	車両総重量（kg）	215	475
性能	最高速度（km/h）	60	60
	最大登坂能力（度）	12	13
	最小回転半径（m）	2.55	3.20
	バッテリー	リチウムイオン 24V×4個　0.96kWh	鉛 12V×6個　3.7kWh
	航続距離（km）	実用走行で40km程度	102
原動機	原動機の種類	電動機（永久磁石式直流ブラシレスモーター）	電動機（永久磁石式直流ブラシレスモーター）
	駆動方式	後輪インホイールモーター直接駆動	1モーターデフ付後輪駆動
	定格出力（kW）／（rpm）	0.59（0.295×2）	0.59
	最大出力（kW）／（rpm）	2.8（1.4×2）／260−960	5.0
	最大トルク（Nm）／（rpm）	110／260	40
	減速比	1.0	8.359
フロントサスペンション		ダブルウィッシュボーン式コイルスプリング	マクファーソン式コイルスプリング
リアサスペンション		ダブルウィッシュボーン式コイルスプリング	トーションビーム式コイルスプリング
ステアリング		ラック・アンド・ピニオン	ラック・アンド・ピニオン
制動装置		フロントディスク／リアドラム	フロントディスク／リアドラム

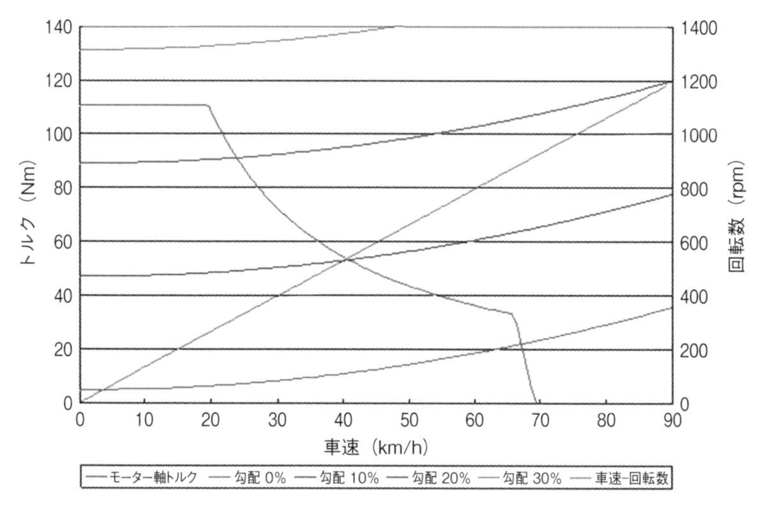

図 7-24 ●車速と駆動力
（出所：筆者）

110N･m（0～250rpm）、定格出力が590W（530rpm）、最大出力が3000W（250～870rpm）の昇圧回路付きインバーターを使った、最高回転数が900rpmのダイレクトドライブモーターです。

このモーターの車速に対する駆動力と回転数の関係を図7-24のグラフに示します。

(2) 加速性能

加速性能の指標には、次のようなものがあります。

0-10m加速：停止状態からの発進で10mを走行するのに必要な秒数4以下。

0-30m加速：停止状態からの発進で30mを走行するのに必要な秒数7以

下。これは市街地での発進加速で一般的な流れに乗って走行するための目安です。

0-400m 加速：停止状態からの発進で 400m を走行するのに必要な秒数（いわゆる「ゼロヨン」加速）で、乗用車の加速性能として一般的に使われている値です。

目標モーターでこれらの加速性能を試算した結果を図 7-25 に示します。

試算結果は 0-10m 加速が 3.0 秒、0-30m 加速が 5.3 秒と、余裕を持っ

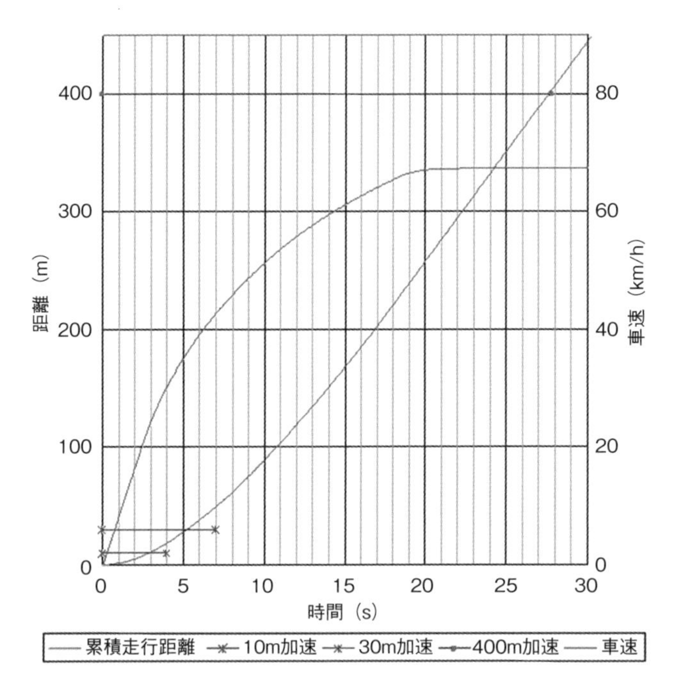

図 7-25●発進加速（目標モーター）
（出所：筆者）

て目標の数値をクリアしています。なお、0-400m 加速は 27.7 秒でした。最近のスポーツタイプ軽乗用自動車のトップタイムは 20 秒弱程度です。そのため、マイクロ EV として十分な値と考えます。

(3) モード燃費

本構想計画における目標モーターは、1 個当たりの定格出力が 295W、最大出力が 1500W の昇圧回路付きインバーターを使った、最高回転数が 900rpm のダイレクトドライブモーターです。

このモーターの効率マップを図 7-26 に示します。

10・15 モード燃費の走行パターンは表 7-4 のように定められています（モーターの性能上 WLTC モードでの走行はできません。走行可能

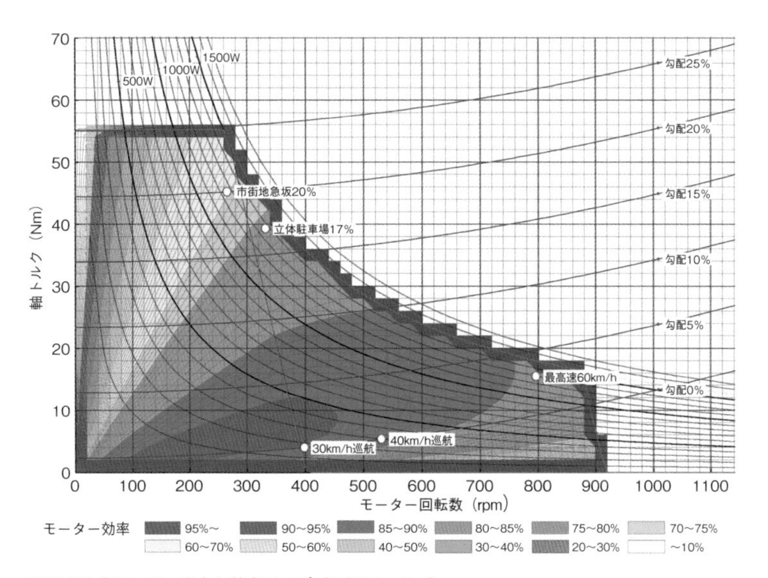

図 7-26 ●モーター出力と効率マップ（目標モーター）
（出所：筆者）

表 7-4 ●10・15 モード燃費の走行パターン
（出所：筆者）

第 1 運転パターンから第 3 運転パターン

モード	時間（秒）	運転条件
1	50	原動機を無負荷運転している状態（アイドリング状態）
2	7	発進してから 20km/h に至る加速状態
3	15	速度 20km/h における定速状態
4	7	速度 20km/h から停止に至る減速状態
5	16	エンジンを無負荷運転している状態
6	14	発進してから速度 40km/h に至る加速状態
7	15	速度 40km/h における定速状態
8	10	速度 40km/h から速度 20km/h に至る減速状態
9	12	速度 20km/h から速度 40km/h に至る加速状態
10	17	速度 40km/h から停止に至る減速状態

第 4 運転パターン

モード	時間（秒）	運転条件
1	65	原動機を無負荷運転している状態（アイドリング状態）
2	18	発進してから速度 50km/h に至る加速状態
3	12	速度 50km/h における定速状態
4	4	速度 50km/h から速度 40km/h に至る減速状態
5	4	速度 40km/h における定速状態
6	16	速度 40km/h から速度 60km/h に至る加速状態
7	10	速度 60km/h における定速状態
8	11	速度 60km/h から速度 70km/h に至る加速状態
9	10	速度 70km/h における定速状態
10	10	速度 70km/h から速度 50km/h に至る減速状態
11	4	速度 50km/h における定速状態
12	22	速度 50km/h から速度 70km/h に至る加速状態
13	5	速度 70km/h における定速状態
14	30	速度 70km/h から停止に至る減速状態
15	10	原動機を無負荷運転している状態（アイドリング状態）

注）最高速度　70km/h　　走向距離　4.16km
　　平均速度　22.7km/h　走向時間　660 秒
　　第 1 運転パターンの 3 回繰り返し、ただし、第 2、第 3 パターンの先頭のアイドリングについては 20 秒とする。

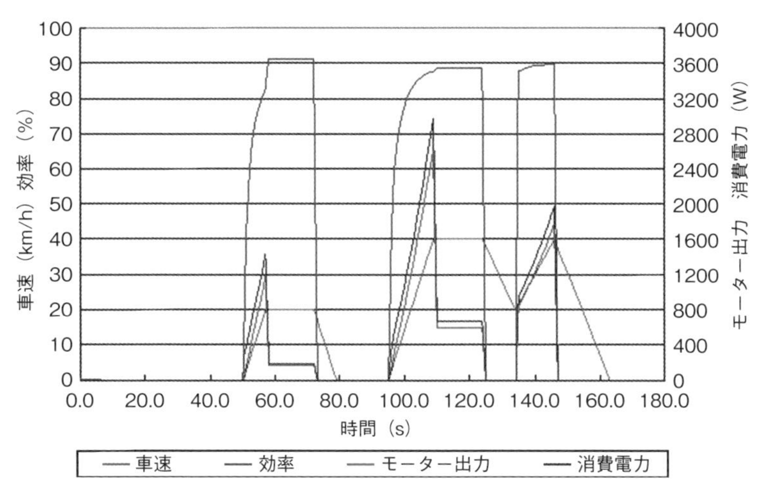

図 7-27 ● 10 モード走行
（出所：筆者）

な 10 モード走行での計算としました)。

上述の目標モーターでモード走行の燃費を試算します。15 モードは出力不足で走行できないため、10 モードのみの試算を行いました。10 モード走行時の車速やモーター出力、効率の関係のグラフを図 7-27 に示します。

10 モード走行燃費の試算で 66.48km/kWh が得られました。1 充電航続距離（満充電した際の航続距離）に換算すると、63.82km になります。

(4) 実際の車載モーター

今回は上記の試算に想定した性能のモーターを入手することはできなかったので、実際の製作には暫定品として中国製電動スクーター用モーターを 2 個使用しました。このモーターでは走行性能目標を達成できな

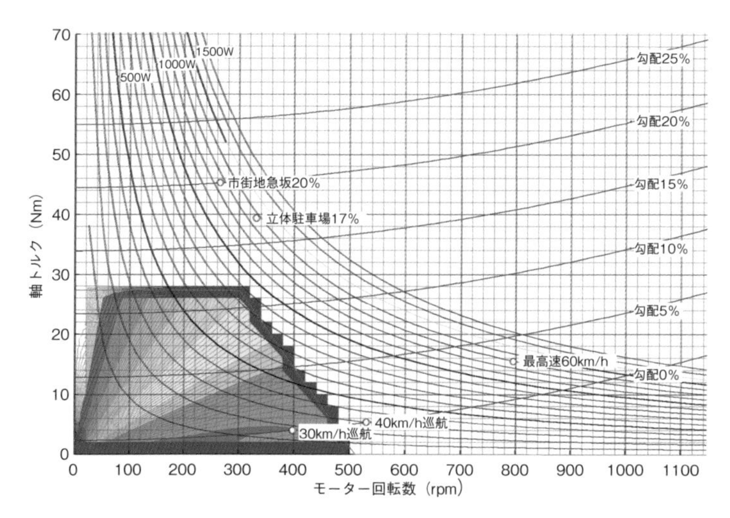

図 7-28 ●マギー1 のモーターの推定特性と各走行目標値
（出所：筆者）

いことは分かっていましたが、実走して各種の確認を行うためです。出力は1個当たり300Wです。このモーターの推定特性と各走行目標値を重ね、描いたグラフを図7-28に示します。

このモーターでは各走行目標値のいずれをも満足することはできず、10モード走行もできません。登坂可能勾配は10％、巡航可能速度は約30km/hです。加速性能試算のグラフを図7-29に示します。

試算結果は、0–10m加速が4.0秒、0–30m加速が7.0秒、0–400m加速が45.5秒となりました。市街地での発進加速で一般的な流れに乗って走行するための目安（7秒）は、ギリギリです。しかし、この性能でも支障なく市街地走行ができます。ちなみに本構想計画の走行性能目標は、市街地を自動車並みに走行する性能です。それを達成するには専用モーターとインバーターが必要となります。

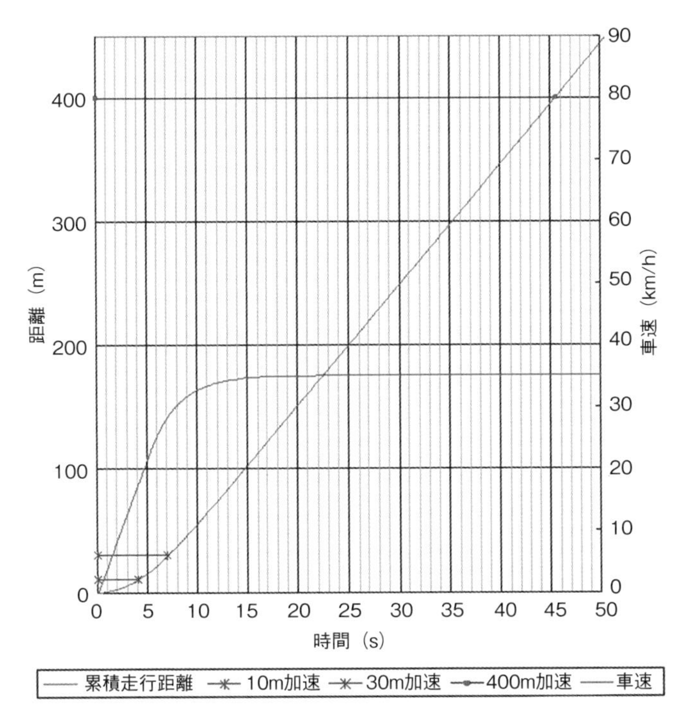

図 7-29 ●マギー1 モーターの発進加速
(出所：筆者)

第8章

フレーム・足回り・機能部品の製作と組み付け

第8章 フレーム・足回り・機能部品の製作と組み付け

8.1 フレームの製作

[1] 骨組み模型

フレーム材には難燃性マグネシウム合金を使用します。溶接する前に木材で模型を作って全体構成をチェックします（図 8-1）。また溶接の手順も模型を使って検討します。

[2] 部材の位置決め

マグネシウム合金は熱変形が大きいため、部材を架台にしっかりと固定する必要があります（図 8-2）。固定が不十分だと部材が「暴れて」しまい、目的とする形状に仕上がりません。

図 8-1 ●骨組み模型
（出所：筆者）

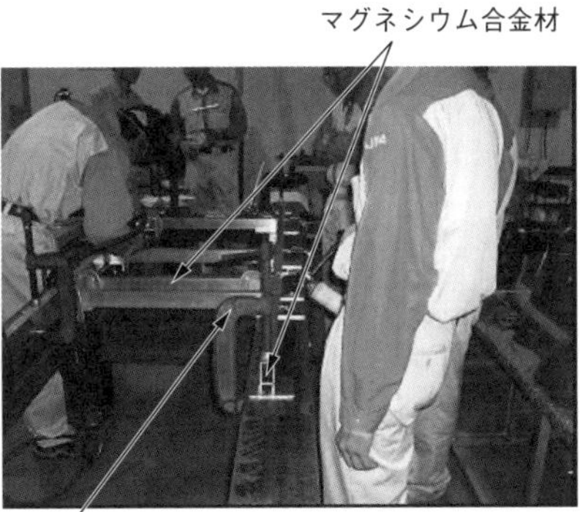

図 8-2 ●マグネシウム合金材の固定
（出所：筆者）

[3] 溶接

マグネシウム合金の溶接には、TIG（タングステン－不活性ガス溶接）溶接を使用しました（図 8-3）。マグネシウム合金の TIG 溶接はアルミニウム合金以上に困難です。特に、トーチ角と溶接速度に注意を払う必要があります。本製作ではマグネシウム合金溶接の専門家に指導してもらい、その技術を習得した若手技術者が製作に当たりました。

[4] 床材とサイドフレームの結合部

床材は比較的薄板のため、注意して溶接を進めないと穴が開いてしまいます（図 8-4）。

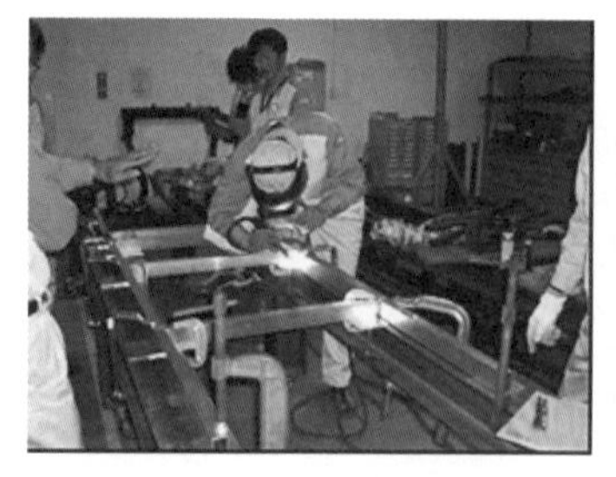

図 8-3 ●マグネシウム合金材の溶接
（出所：筆者）

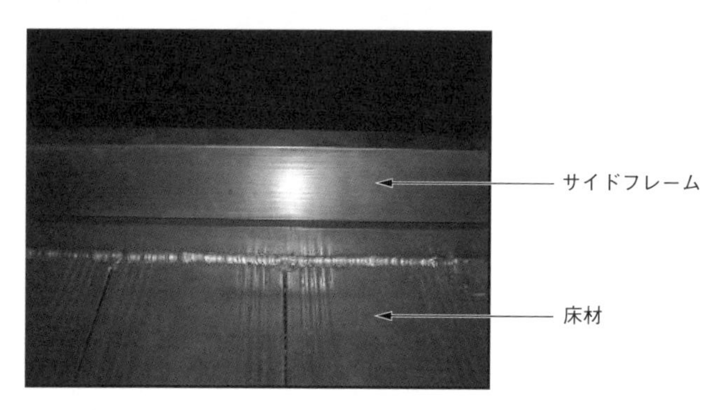

図 8-4 ●床材サイドフレームを溶接で結合
（出所：筆者）

8.2 足回り・機能部品の製作と組み付け

[1] 使用した購入部品

(1) サスペンションスプリング

インターネットで探して電気自動車（EV）製作用のサスペンションスプリングを購入しました（図 8-5）。輸入品のようで、スペック（仕様）が明記された資料は付いていませんでした。

図 8-5 ●購入したサスペンションスプリング
（出所：筆者）

図 8-6 ●購入したインホイールモーター
（出所：筆者）

(2) インホイールモーター

中国製の電動 2 輪車のインホイールモーターを使いました（図 8-6、詳細は第 6 章 6.1 を参照）。

8.3　機構部品の組み付け

[1] フロントサスペンション

サスペンションはダブルウィッシュボーン式としました（図 8-7）。

図 8-7 ●手作りしたフロントサスペンション（ダブルウィッシュボーン式）
（出所：筆者）

アッパーアームにもロアアームにも材料はマグネシウム合金を使ったため、丸棒を切り出して溶接しました。リンク部にはミスミグループの「ロッドエンドベアリング」を使用しています。

アッパーアームとロアアームのボディー側の取り付けにはブラケットを介していますが、ボディーフレームとの間にはゴムを挟んでいます。サスペンションスプリングはロアアームに厚板材を溶接し、斜めに取り付けました。加えて、サスペンションばね定数は、サスペンションスプリングのボディー側の取り付け位置を変えることによって調整しました。

[2] リアサスペンション

リアサスペンションは、フロントサスペンションとほぼ同じ造り方をしています（図 8-8）。異なるのは、車輪の回転モーメントを取るためにH型のサスペンションアームにした点です。リアサスペンションは操舵系がないため、フロントサスペンションに比べて造りやすくなっています。**トー角**や**キャンバー角**はロッドエンドベアリングの挿入代を変え

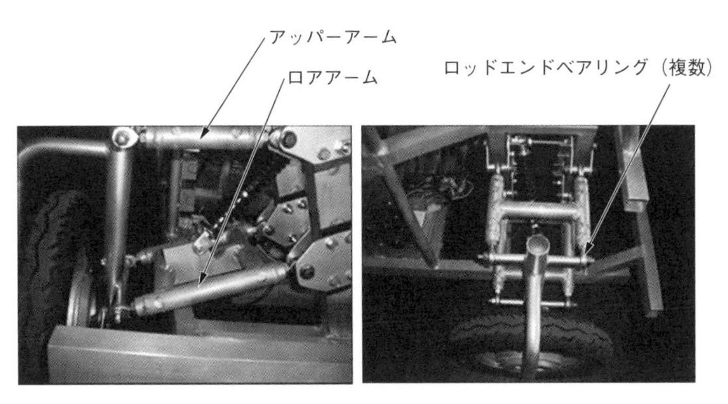

図 8-8 ●手作りしたリアサスペンション（ダブルウィッシュボーン）
（出所：筆者）

ること（アーム側がめねじ）で調整することができます。

[3] ステアリング機構

L 材を折り曲げたキングピンに長ナットを溶接し、それにおねじ付きのロッドエンドベアリングを取り付けてナックルアームとしました。タイロッドとの結合部にもロッドエンドベアリングを使用しました。

また、ステアリング機構は図 8-9 のようにリンク機構としたものの、スムーズな操舵ができず、後にラック・アンド・ピニオンに改修しています。また、タイロッドとナックルアームも太い部材に改修して強度を高めました。

[4] ペダル

ペダルは全てマグネシウム合金板から切り出して溶接しました。このペダルの特徴は、アクセルやブレーキと共に前後にスライドするように

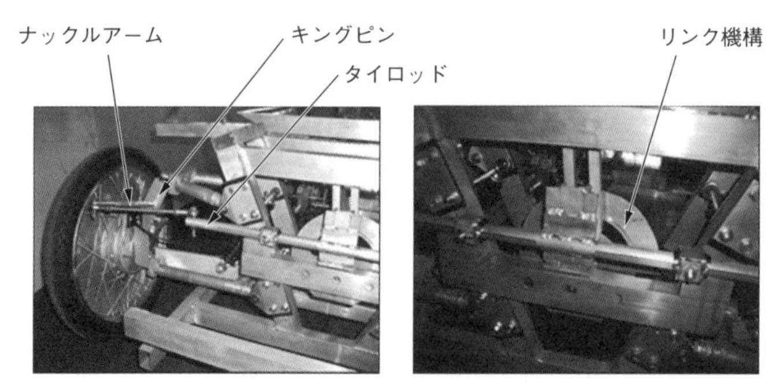

図 8-9●ステアリング機構（後にラック・アンド・ピニオンに改修）
（出所：筆者）

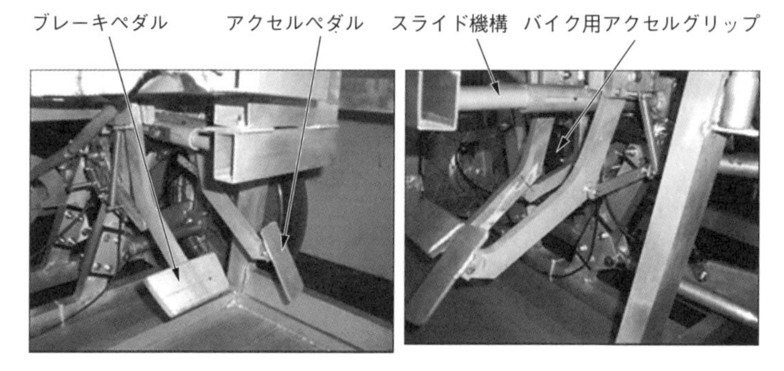

図 8-10●前後にスライドするペダル
（出所：筆者）

したことです（図8-10）。これはシートが補強材を兼ねており、スライドしないためです。

アクセルは電動2輪車用を使用しているため、ペダルの踏み込みを回転方向に変えています。ブレーキはワイヤー式で、イコライザー（滑車）によって左右両輪に均一な踏力が伝わるようになっています。ただし、後に油圧式に改修しました。

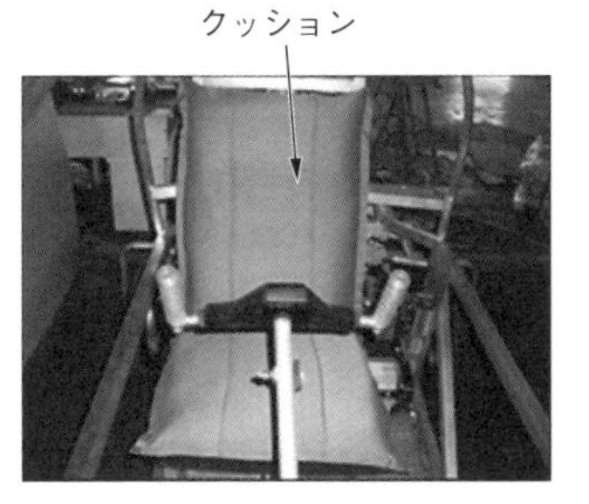

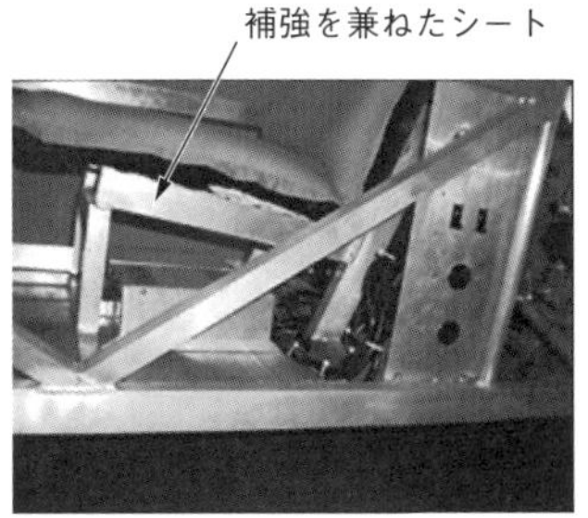

図 8-11 ●補強の役割も兼ねるシート
（出所：筆者）

[5] シート

シートは前述の通りボディーの補強材としての役割も兼ねています。これもマグネシウム合金の角材を使っています（図 8-11）。その上にクッションを乗せていますが、好みに応じて外観品質の高いものに変えることも可能です。

[6] ステアリング

航空機の操縦桿（かん）をイメージしたデザインとし、マグネシウム合金で造りました（図8-12）。ただし、ステアリングをリンク機構からラック・アンド・ピニオンに切り替えたのを機に、丸ハンドルに変えました。丸ハンドルもマグネシウム合金を曲げて造りましたが、マグネシウム合金は伸びがないため、加工には困難を伴いました。

航空機の操縦桿を模したステアリング

図 8-12 ●ステアリング（後で丸ハンドルに変更）
（出所：筆者）

8.4　全体の組み立ての完成（ボディー外板のない台車状態）

完成したシャシーを図 8-13 に示します。一応、これで走行できる状態となりました。パワーユニットはインホイールモーターとバッテリー、インバーターだけの最もシンプルな構成です。総質量は 96kg と軽量なシャシーに仕上がりました。

図 8-13 ●完成したシャシー
（出所：筆者）

第9章 FRPボディーの製作

第9章 FRPボディーの製作

9.1 FRPの一般知識

[1] プラスチックと成形方法

繊維強化樹脂（FRP）の詳細説明に先立ち、樹脂（プラスチック）およびその成形方法について簡単に一般的な説明をしておきます。プラスチックはその性状特性から以下の3つのタイプに分類できます。

(1) プラスチックのタイプ

①熱可塑性樹脂

常温では固体であるが温度を上げていくと軟化し、さらに温度を上げていくと溶融するという特性を持っています。この特性を利用し、高温下で成形を行って、冷却して固体化する成形方法が一般的に使われます。また、常温下で固体化していますが、温度を上げるとまた軟化・溶融するのでリサイクル利用に適しています。

塩化ビニル（PVC）やポリプロピレン（PP）、ポリエチレン（PE）、アクリロ・ニトリル・ブタジエン・スチレン（ABS）、ポリエチレンテレフタレート（PET）、ポリスチレン（PS）など、一般生活の中で使われるプラスチックの多くは熱可塑性樹脂です。溶融状態でガラスの粉末を混ぜ合わせて強度剛性を向上させることも可能です。

②熱硬化性樹脂

常温では柔らかいものの、高温下で硬化する特性を持ちます。一度硬化すると強度・硬度の温度依存性が少なく燃えづらいため、高温下で使う部品や電気抵抗が極めて大きいので絶縁体として使われます。フェノール樹脂が一般的です。

③２液反応樹脂

主剤と硬化剤が混ざり合うことにより、化学反応を起こして硬化する特性を持ちます。一度反応して硬化すると、高温下でも軟化しません。硬化そのものが化学反応であるため、通常気温内で成形が可能です（硬化時間に影響は出ます）。エポキシ樹脂（EP）やポリエステル（PEs）、ポリウレタン（PU）などが一般的です。

代表的な成形方法を樹脂の性状に分類して説明しましょう。いずれも流動性の高い状態において成形を行うところがポイントです。

(2) 溶融（流動）状態での成形方法

①インジェクション成形（射出成形）

型の中に高温溶融状態の樹脂を射出して充填した後、型を冷やして樹脂を硬化させる成形方法です。射出成形とも表現します。

型は製品表面側と裏面側の2面一組が必要であり、冷却するために熱伝導率が高い鋼材を使うのが一般的です。成形サイクルが短く（数十秒～数分)、大量生産に向いています。

② RIM成形

2面一組の型の中に2液反応樹脂を流し込み、硬化反応させて成形します。常温で硬化反応し、成形圧力が低いため、型も成形設備も簡素なもので構いません。そのため、少量生産に向いています。

しかし、成形時間は長くかかります。また、基本的に製品が発泡しているので表面に気泡が現れることがあります。そのため、仕上げ作業が必要です。ウレタン樹脂の発泡成形に多く使われます。

③ FRP成形

オス型またはメス型の1面に2液反応樹脂を塗って固める成形方法です。エポキシ樹脂やポリエステルなどの樹脂が使われます。実際には樹脂だけでは流動性が高いので、流れ止めと硬化後の強度を増すためにガラス繊維や炭素繊維のクロスやマットに含浸（がんしん）させ（染み込ませ）て積層する方法を取ります。

FRP成形は、層間に気泡が入りやすいので注意が必要です。気泡が入ると強度が低下します。そのため、積層作業の後、オートクレーブという装置を使って真空脱法を行いながら、温度を上げて硬化を促進させます。

ガラス繊維よりも炭素繊維の方がより強度を高めることができますが、高強度を求める部品では炭素繊維を使ってオートクレーブで焼き付けて成形します。あまりシビアな強度を要求されない場合は、ガラス繊維を使って自然硬化させたものでも構いません。一般に、形状を確認するための試作などではこの自然硬化の方法が多く使われます。また、少量生産向けには樹脂にガラス短繊維を混ぜ合わせ、型に吹き付ける方法もあります。

(3) 軟化状態での成形方法

①真空成形、圧空成形

軟化したシート状の樹脂板を型に被(かぶ)せていき、形状細部への追従性を高めるために真空で引いたり、圧縮空気（圧空）で押したりして硬化させる成形方法です。型は製品面または裏面のどちらか1面あればよいでしょう。シート状の素材であるため、形状成形後に周囲をトリムする(切り取る）必要があります。

②ブロー成形

下端が閉じた、軟化した筒状（風船状）の溶融樹脂（パリソン）を型内に入れ、パリソン内に圧縮空気を送り込んで、パリソンを風船のように膨らませて成形する方法です。中空製品の成形に使われます。型は2面一組が必要です。成形後、パリソンの上下をトリムする必要があります。

[2] FRP成形

FRPは繊維で補強したプラスチックです。使用するプラスチック材料は硬化する前の性状が液状です。オス型またはメス型の表面に長繊維のクロスや短繊維のマットに含浸させて手作業で積層する方法と、プラスチック材料に短繊維（チョップファイバー）を混ぜ合わせたものを吹き付けて積層する方法があります。どちらも硬化後、繊維に補強された形で強度を保ちます。

ここで、FRP成形の3要素（プラスチック材料と補強繊維、型）について述べます。

（1）プラスチック材料

プラスチック材料には、2液性のエポキシ樹脂またはポリエステル樹脂が一般に使われます。2液性の樹脂は主剤と硬化剤から成り、それぞれが液状ですが、混ぜ合わせると化学反応を起こしてゲル（固体）化して、発熱とともに固形化します。

FRP成形作業では、2液を混合した直後のプラスチックをクロスまたはマットに含浸させたり、チョップファイバーと混ぜ合わせたりして、型に密着させるように積層したり吹き付けたりします。積層の場合、必要な強度を得るために数層重ねて（プライ数）貼ります。クルマのボディーを製作するような場合は長時間作業になるため、数回に分けて作業を行うか、硬化剤の量を調整して硬化時間を遅らせるなどの対応を取ります。

（2）補強繊維

繊維材料は、一般にガラス繊維や炭素繊維が主ですが、靭性（じんせい）を持たせるためにケプラー繊維などを混ぜて編んだクロスを使う場合もあります。繊維の長さに応じて短繊維と長繊維がありますが、手作りでボディーパネルを製作するような場合は、長繊維を縦横に編んだクロスや短繊維をランダムに混ぜてシート状に加工したマットを使います。クロスにしてもマットにしても、単位面積当たりの使用量（目付け量：単位面積当たりの質量）が違うものが数種類あるので、製品の要求強度や厚みによって使い分けます。

(3) 型

FRPでものを造る場合には、必ず何らかの型が必要です。型にはオス型とメス型があり、製品そのものの形をした型をオス型と呼び、それを反転した型をメス型といいます。どちらの型を製作するかは、以下の判断によります。

①同じ製品を複数個製作する場合や、きれいな製品面を希望する場合はメス型。
②一品製作で、成形後に製品表面の仕上げ作業をする必要があるものの、それでも構わない場合はオス型。

型の材料は、用途に応じてさまざまです。オス型の場合、型表面は製品の裏面になるため、発泡スチロールや発泡スチレン、発泡ウレタンなどの表面に微小穴の空いた材料でも構いません。型製作の途中で凹部を盛ったり凸部を削ったりする造形作業が必要であれば、インダストリアルクレイを勧めます。インダストリアルクレイは盛り削りが容易で、仕上げた面の平滑性も良いため大変便利です。

メス型を製作するには、まず製品そのものの形状をした**マスターモデ**

ルを製作し、このマスターモデルに型材料を被せ、形状反転させることで製作します。最近では、3次元データで形状を定義する方法が普及しています。3次元データを作成すれば、型材料を直接NC（数値制御）切削加工してメス型を製作することも可能です。メス型は型面が製品面となるので、平滑に仕上げられる材料が使われます。一般に石膏（せっこう）やFRPなどを使います。

9.2 FRP ボディー製作の手順

ここからは実際に製作した例を基に、FRP ボディー製作の手順を説明します。ただし、これは一例であり、この方法が全てではないことを前置きしておきます。

［1］製作方針の決定

最初に方針を決めましょう。方針により、使う材料や道具、作業工数、作業スペース、日程などが大きく変わってきます。手持ちのリソースや与えられた日程の中で、どのように実行するかを協力者とよく議論して決める必要があります。以下の項目を決定しておくとよいでしょう。

（1）成形をオス型で行うかメス型で行うか

複数製作する場合はメス型が必要です。また、メス型を製作するにはマスターモデル（オス形状）が必要になります。型材は削り加工ができる石膏やFRPで製作し、製品を貼り込む前に製品面を滑らかに仕上げておくと、製品仕上げの手間が省けます。

一品製作の場合は、オス型に直接 FRP 成形することができます。ただし、製品面は滑らかにはできないため、製品の仕上げ加工に相当の手間と時間がかかります。また、オス型の外側を囲むような製品では製品の中に型が取り残されるので、その除去方法を考えておく必要があります。型表面の滑らかさは必要ないので、削りやすい発泡材料を使うことができます。

(2) ドアやリアゲートを付けるか付けないか

ドアやリアゲートを製作するのは大変な作業です。理由は以下の通りです。

- きちんとしたドアは、アウターパネルとインナーパネルのボックス構造となっている。
- その中に窓ガラスの昇降機構やロック機構が内蔵されている。
- ドアとボディーの隙間が全周にわたって一定に保たれていなければならない。

これらに対応した設計とメス型製作が必要となるのです。

(3) 窓ガラスをどのように造るか

窓ガラスといっても、ガラスで製作することはコスト的に極めて困難です。従って、多くはアクリル樹脂〔ポリメチルメタクリレート

(PMMA)〕やポリカーボネート(PC)、塩化ビニル(PVC)などの透明樹脂シートを熱成形して造ります。窓ガラスを造る場合は、オス型またはメス型の反転型を取り､窓ガラス用の成形型も製作する必要があります。

(4) インナー面をどうするか

アウター面だけでよしとするなら、目付け量の多いクロスまたはマットを選び、プライ数を多めに積層して強度と剛性を確保します。

インナーまで造る場合は、アウターとインナーで閉断面を構成するので多少薄くても強度と剛性を確保できます。インナーはアウターのメス型にインナー面をインダストリアルクレイなどで造形し、それをオス型としてFRP成形します。

アウター面をオス型でFRP成形する場合は、製品の中に残されたオス型を利用し、インナー面を残すように中を削り取ります。オス型の材料がアウターとインナーの空間に残りますが、面剛性の確保に大いに寄与するのでそのままにしておきます。

以上が決めておくべき方針の大きな項目です。今回の製作例では、以下のように決定して進めました。

①成形はオス型成形とし、硬化後、人海戦術で仕上げる。型材は削りやすい発泡スチレンボード(押し出し発泡スチレン、デュポン・スタイロ製「スタイロフォーム」)とする。
②ドアは簡単なバータイプのドアとし、ドアガラスや戸当たりシールゴ

ムを省く。

③窓ガラスはフロントウインドーとリアウインドーに、アクリルまたは塩化ビニルを熱成形したものを製作する。そのためにマスターモデルを反転したメス型を製作する。

④オス型は削り加工が可能な発泡スチレンなので、中を削り落とす際にインナー面を残すようにし、そこに FRP を貼り込んでインナー成形を行う。

[2] アウターライン図の作成

オス型を製作するには製品形状を 2 次元図面化しておく必要があります（図 9-1）。特に、中に内蔵物がある場合は内蔵物との干渉を事前にチェックしておかなければなりません。

製品形状の 2 次元図面化にはアウター面を一定間隔で輪切りにしたアウターライン図を作成します。この間隔は後の工程で使用する押し出し

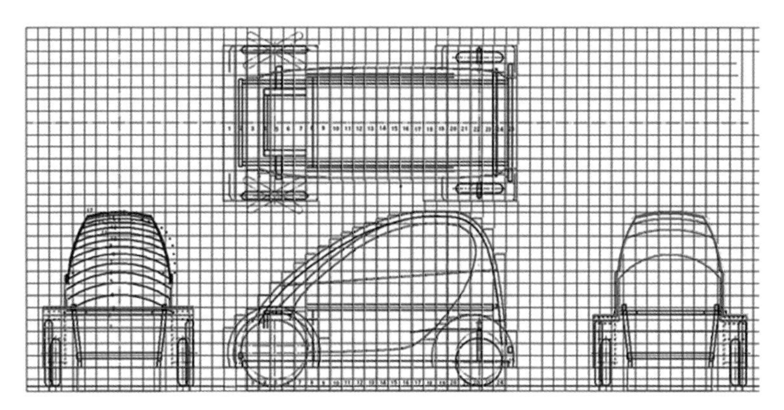

図 9-1 ●アウターライン図の作成
（出所：筆者）

発泡スチレンの厚みに等しくします。つまり、作成した断面図の形状で1枚の押し出し発泡スチレンを切り出すということです。今回の製作例では厚さ100mmの押し出し発泡スチレンを使うので、100mmピッチでイメージスケッチから想定したアウターライン図を作成しました。

アウターライン図を作成するには2次元あるいは3次元CADソフトウエア（以下、ソフト）を使うと便利です。3次元CADソフトを使うと要素データのコピーや使い回しが容易なので、左右対称に形状反転できます。また、3次元CADであれば内臓物との干渉や隙間のチェックも容易です。また、後工程で断面図から押し出し発泡スチレンに形状を写す際に、プロジェクターを使ってパソコンから直接投影できるので大変便利です。従って、これから述べる方法では3次元CADソフトを使うことを前提にしています。

[3] 断面図の作成

図9-1のようなアウターライン図ができたら、次は各ライン図を1つひとつ断面図に展開します。押し出し発泡スチレンへの投写を行う際に、各断面に分解されていた方が分かりやすいことと、後でドアや窓の穴を開けるので、各押し出し発泡スチレンの中央部に穴を設定する必要があるためです。

この時、横軸にも縦軸にも100mmピッチの軸線（番線）を描いておくと便利です。実際の自動車設計の現場でもこの番線を使っています。また、この段階で内部に肉抜きの穴を設定しておきます。後にオス型を中から削り取る作業を楽にするためです（図9-2）。

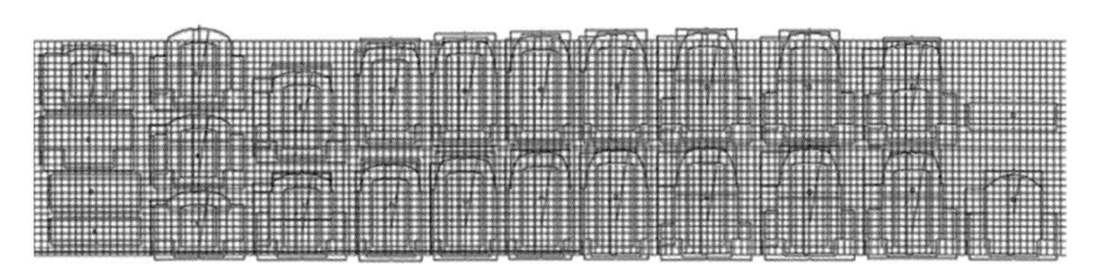

図 9-2 ●ライン図の各断面への分解図
（出所：筆者）

[4] 押し出し発泡スチレンへの投写

次に、押し出し発泡スチレンへの投写です。この作業にはプロジェクターを使うと大変効率が良いと思います。今回初めてプロジェクターを使ってみましたが、正確性は多少落ちるものの、短い時間で投写作業を終えることができました。

図 9-3 に投影作業の様子を示します。まず、100mm ピッチで描かれた番線が、押し出し発泡スチレン上で実際に 100mm に投影されるように焦点調整を行います。続いて、押し出し発泡スチレン上に映し出された断面線を水性マジックでなぞって転写していきます。

全ての断面について、この方法で押し出し発泡スチレンに投写します。断面を描いた押し出し発泡スチレンには、必ず前から順に番号を記入しておきます。積層時に間違えないようにするためです。

[5] 押し出し発泡スチレンの切り出し

次に、断面を転写した押し出し発泡スチレンを切り出す作業を行います。道具はノコギリ（図 9-4）を使います。発泡材なので容易に切削で

図 9-3 ●押し出し発泡スチレンへの投写
（出所：筆者）

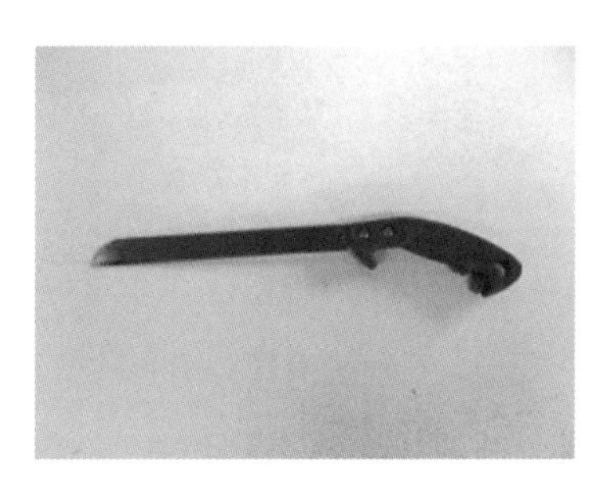

図 9-4 ●押し出し発泡スチレンを切り出すノコギリ
（出所：筆者）

きます。押し出し発泡スチレンの厚みが 100mm あるので、面に対して直角にノコ歯を入れることがポイントです。傾くと断面が表裏で違う結果となり、好ましくないので注意してください（図 9-5、図 9-6）。

図 9-5 ●押し出し発泡スチレンの切り出し
（出所：筆者）

図 9-6 ●ノコ歯は直角に入れる
（出所：筆者）

[6] 押し出し発泡スチレンの積層

切り出した押し出し発泡スチレンを番号順に接着剤で貼り合わせていきます。各断面が曲がって貼り合わせられないよう注意しながら貼ることがポイントです（図 9-7〜9-9）。全てを積層し終えたら、接着剤が硬化するまで図 9-10 のように縦にしたままにしておきます。

[7] アウター面の削り出し

積層したモデルを正規姿勢に戻し、アウター面の削り出しを行っていきます。まず、波形になっている表面の山を削り、荒取りをしていきます。最初の大きな山を削るのは、やはりノコギリで切り取るように作業すると作業がはかどります。凸凹が少なくなってきたら、TJM デザイ

図 9-7 ●接着塗布
（出所：筆者）

図 9-8 ●貼り合わせ
（出所：筆者）

図 9-9 ●上下積層していく
（出所：筆者）

図 9-10 ●最後はこのように積層される
（出所：筆者）

ン（東京・板橋）のアラカンというヤスリ（図 9-11）で削るとうまく削れます。

ポイントは、くれぐれも１カ所だけをいっぺんに削ろうとしないことです。全体を同じレベルで進めるようにして、全体把握をしながら作業してください（図 9-12）。

荒取りを終えたら、次に面精度を上げる作業に移ります。ここもアラカンで削り込んでいきます。押し出し発泡スチレンの接合面が断面線として見えているため、この線が左右対称になっているように注意しながら削るとよいでしょう。これが面を左右対称に仕上げるコツです。

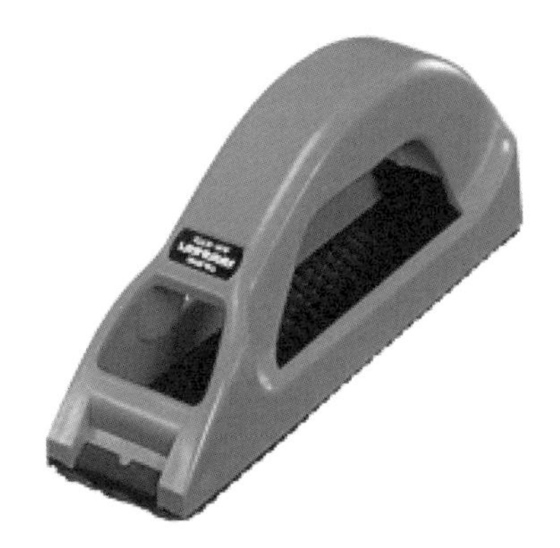

図 9-11 ●アラカン
（出所：TJM デザイン）

図 9-12 ●荒取りしたモデル
（出所：筆者）

ある程度まで仕上げた段階で、テープ（ドローイングテープ）でキャラクターラインや窓枠線、ドア分割線などを引いて全体のバランスを見ます（図 9-13）。ここでおかしな部分や修正したい部分があればドローイングテープを引き直し、それを正にして削り込んでいきます。押し出し発泡スチレンの場合、削りはできますが、盛ることはできないのでくれぐれも削り過ぎないよう注意して削ってください。全体のバラン

図 9-13 ●ドローイングテープで全体バランスを確認
（出所：筆者）

図 9-14 ●細部の削り込み
（出所：筆者）

スが確認できたら、次は細部の削り込みを行います（図 9-14）。

[8] 窓・ドアの分割線彫り込み

大体の削り込みが終わったら、次に窓枠とドア分割線の彫り込みを行います。前後の窓は木工用トリマーで溝を削り、ドア周りはドローイングテープに沿ってノコギリで切り込みを入れてから、捨てる側を斜めに

図 9-15 ●窓・ドア分線の掘り込み
（出所：筆者）

削り取ります。彫り込み時に気をつけることは、必ず面に対して法線方向になるように彫り込むことです。後に開口部端面を作製するためです（図 9-15）。

[9] アウター面の仕上げ

次の作業はいよいよアウター面の仕上げです。この後のガラス面のメス石膏型取りや FRP の貼り込み作業に備え、紙ヤスリや布ヤスリで丁寧に仕上げます（図 9-16）。

[10] ガラス面のメス石膏型取り

まず、ガラス面に旭化成の食品包装用フィルム「サランラップ」を貼ります。これは石膏を剥がす時の離型剤の代わりです。押し出し発泡ス

図 9-16●アウター面の仕上げ
（出所：筆者）

チレンは表面に気泡があるため、気泡に石膏が入り込むと剥がれません。液体の離型剤では押し出し発泡スチレンが吸ってしまうので表面を確実に覆うためにサランラップを使います。

まずスプレーのりをガラス面に吹き付けて粘着性を持たせ、その上からサランラップを被せます。サランラップは薄いので、多少巻いても段差の心配はありません。

次に、ガラス面周囲の溝に10cmくらいの縦壁を全周に立てます。これは石膏の流れ止めのためです。縦壁の外側に粘土を盛って縦壁が倒れないように補強します（図9-17）。写真にある3本のホースはなくても構いません。

次に、実際に石膏を流し込みます。3層に分けて作業を行います。

①1層目は、石膏のみをできる限り全面に均一になるように掛けます。この面が型の表面になります。石膏の硬さはデコレーションケーキの生クリーム程度になるように、石膏の粉の量で微調整します。

②2層目は、麻の繊維の塊に石膏を含ませ、繊維を伸ばしながら全面に

図 9-17 ●石膏取りの下準備
（出所：筆者）

均一に載せていきます。この作業では、石膏を緩めに溶いた方が繊維の間に染み込んでいくので、緩めの溶き方にします。最後に、麻繊維を丸めた塊をバランス良く3カ所に置きます。これは離型した型の脚になります。

③ 3層目は、第1段階と同じ硬さで石膏を水で溶き、全体にまんべんなく被せます。

以上が石膏作業の要領ですが、石膏は固まるのが早いので、素早く作業するのがポイントです（図 9-18～9-20）。

［11］窓端面の彫り込み

窓端面とはガラスの取り付け面のことと解釈してください。「ガラス

図 9-18 ●前窓の石膏作業
（出所：筆者）

図 9-19 ●後窓の石膏作業
（出所：筆者）

板厚＋接着剤の厚さ＋α」の分だけアウター面から掘り下げた面を設定します。このように面を造らないと、ガラスがアウター面より出っ張ってしまいます。段差の高さは 10mm、接着面の幅は 20mm 程度ですが、図 9-21 では余裕を見て 40mm 幅で彫り込みました。

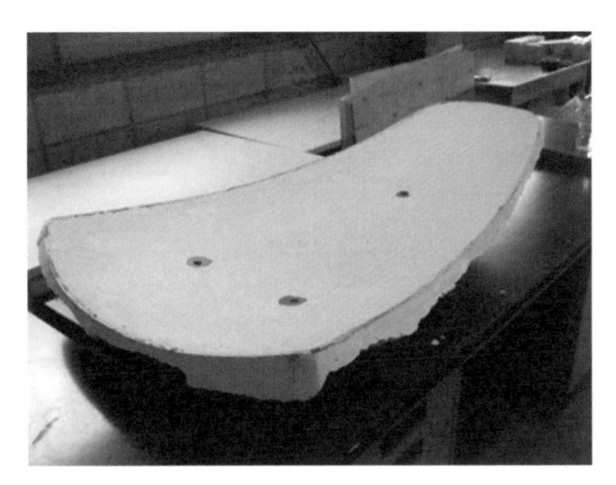

図 9-20 ●離型した石膏型
（出所：筆者）

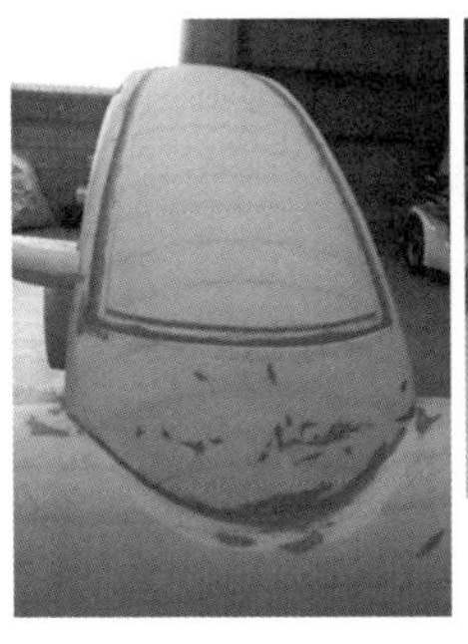

図 9-21 ●窓端面の彫り込み
（出所：筆者）

［12］細部形状の造り込み

リアコンビネーションランプやライセンスプレート（ナンバープレート）の座面を設定して粘土を盛り、削って細かい部分の修正を行います。FRP 作業前の総仕上げです（図 9-22）。

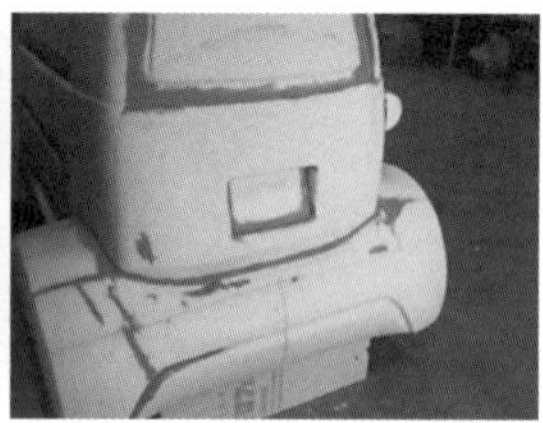

図9-22●FRP貼り込み前の総仕上げ
（出所：筆者）

[13] アウター面へのFRPの貼り込み

FRPは今回の製作では3プライと決めました。また、開口部の端面も一体で貼り込みますが、開口部を先にくりぬいてしまうとピラー部の押し出し発泡スチレンがバラバラになってしまうため、まず1プライ目を貼ってからくりぬくことにしました。

以下、順を追ってFRP作業を説明します。

(1) ガラスクロスの切り出し

1枚のガラスクロスで全体をカバーすることはできないので数分割して貼り込んでいきます。そのため各部分の形に概略合わせてクロスをカットします（図9-23）。

(2) 樹脂の混合

今回はポリエステル樹脂を使いましたが、エポキシ樹脂でも要領は同じです。主剤に対して決められた量（数%）の硬化剤を加え、よくかき混ぜます。硬化剤は室温によって加える量を変えるので、説明書をよく

図 9-23 ●ガラスクロスの切り出し
（出所：筆者）

読んで決められた量を加えてください。また、作業時間が長くなりそうな場合は、多少硬化剤を減らし、硬化時間を遅らせるとよいでしょう。

（3）ガラスクロスへの含浸

かき混ぜた樹脂をガラスクロスの上に垂らし、全面に均一になるように伸ばします。ヘラや角のある長いブロックなどで伸ばすとよいでしょう。押し出し発泡スチレンの気泡が樹脂を吸い込むので、多少多めに樹脂を含浸させておきます（図 9-24）。

（4）貼り込み

樹脂を含浸させたガラスクロスをマスターモデルの当該部に載せ、端

図 9-24 ●樹脂の含浸
（出所：筆者）

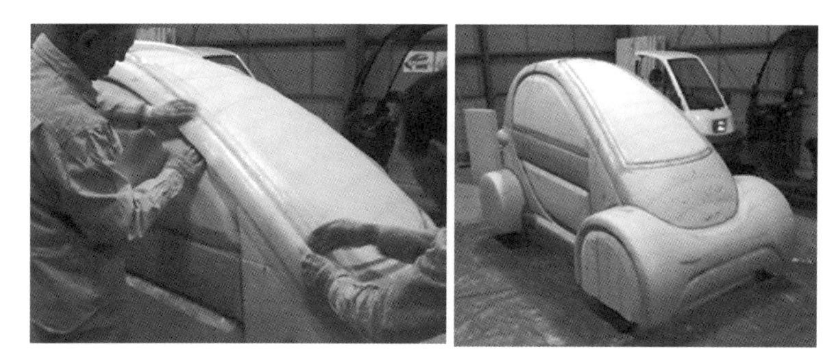

図 9-25 ●含浸させたガラスクロスのマスターモデルへの貼り込み
（出所：筆者）

部をしっかりと押し込みます（図 9-25）。

[14] ドア部のくりぬき

1プライ目が硬化したら、ドア周りの面を貼り込むためにドア部分をくりぬきます。彫り込んだ分割溝にノコギリを突っ込み、溝に沿って

図 9-26 ●ドア部のくりぬき
（出所：筆者）

図 9-27 ●FRP の重ね貼り
（出所：筆者）

切っていきます（図 9-26）。この作業を想定し、押し出し発泡スチレンの各パーツの断面図に穴を設定しておきました。

[15] アウター面への FRP の重ね貼り

次に、2 プライ目と 3 プライ目を 1 プライ目と同じ要領で貼り込みます（図 9-27）。

[16] 窓穴開け

貼り込んだ FRP が硬化したらガラス窓の部分をくりぬきます（図 9-

図 9-28 ●ガラス窓部のくりぬき
（出所：筆者）

28）。ガラスを接着するフランジを20mm程度残してくりぬいてください。

[17] 内部押し出し発泡スチレンの削り出し

次に、室内側の不要な押し出し発泡スチレンを削り落とします。この後、室内側からもFRPを貼り込んでFRPのボックス断面を造ります。そのため、削った形状がインナー面のオス型となることを考えて削り出しましょう（図9-29）。

[18] シャシーとの仮組み

インナー面がある程度削れたら、シャシーに被せて内蔵物との干渉をチェックします（図9-30）。干渉する箇所をさらに削り、干渉がないようにします。場合によってはシャシー側を修正することもあります。

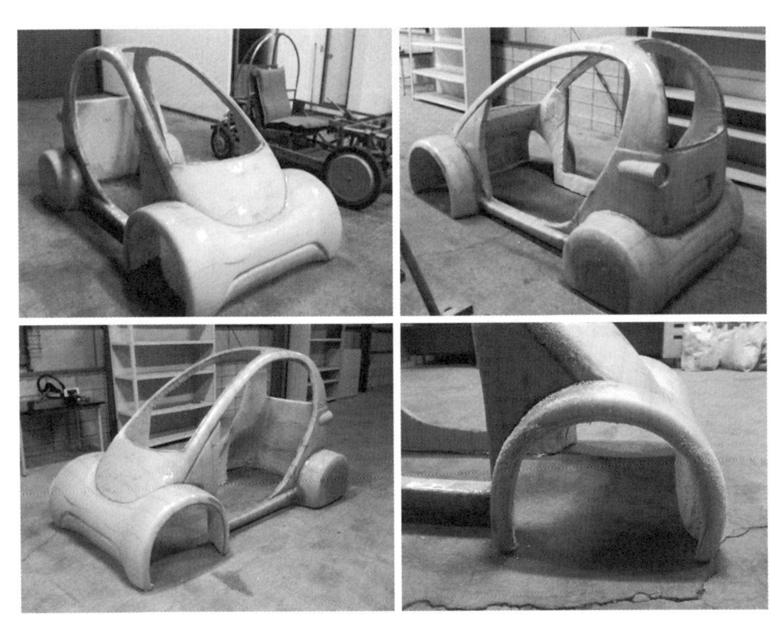

図 9-29 ●内部押し出し発泡スチレンの削り出し
（出所：筆者）

図 9-30 ●シャシーとの仮組み
（出所：筆者）

[19] インナー側 FRP 貼り込み

インナー側の FRP の貼り込みは、全体を逆さまにして貼り込んでいきます（図 9-31）。アウター側のガラスクロスの端とラップするように貼り、穴が開かないように注意します。

[20] アウター面のパテ盛り

ガラスクロスを貼り込んだアウター面はかなりデコボコしているため、表面を平滑に仕上げる必要があります。サンダーなどでラフに削った後、凹んでいる部分にパテを盛ります（図 9-32）。パテは、FRP 作業時に使ったポリエステル樹脂にタルク（ケイ酸マグネシウム）を混ぜて作ったものが扱いやすいと思います。樹脂を 50 質量%、タルクを 50 質量%の割合にしてください。今回の例ではアウター面の大部分にパテ盛りをしました。

図 9-31 ●インナー側 FRP
（出所：筆者）

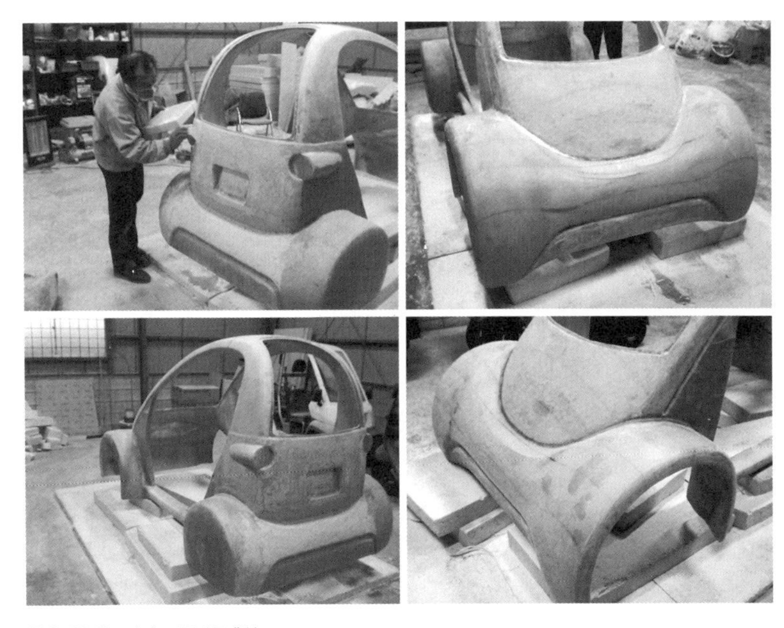

図 9-32 ●アウター面パテ盛り
（出所：筆者）

[21] アウター面の仕上げ

パテが硬化したら仕上げ削りです。初めは 80～120 番程度の紙ヤスリで削ってください。全体を削ったら、240 番程度の紙ヤスリで仕上げていきましょう（図 9-33）。

[22] 塗装

塗装については業者に依頼して塗ってもらいました。塗料には、酸化チタンを被膜したマイカ（雲母）片を顔料に混ぜたウレタン塗料を使いました。色は「ホワイトマイカ」を選定。これは面反射が目立たないよ

図 9-33 ●アウター面の仕上げ
（出所：筆者）

図 9-34 ●ボディーの塗装
（出所：筆者）

うにする配慮からです。濃い色の塗装をすると面の歪みが目立つため、色を選択する際には注意する必要があります（図 9-34）。

[23] 内装

乗車して目に付く部分に、発泡ウレタンと布地をラミネートした内装材を接着剤および両面テープを使って貼ります。大きめにカットした内装材を貼った後、開口部に合わせてトリム（切り取り）します。トリム

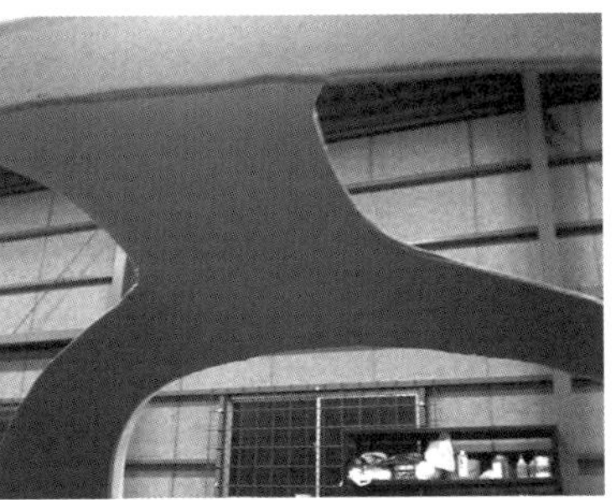

図 9-35 ●内装材貼り込み
（出所：筆者）

した切り口は、後でトリム部材を被せて覆い、体裁を整えます（図 9-35）。

[24] ウインドシールドの貼り付け

ポリ塩化ビニルを成形したウインドシールドを両面テープで貼ります（図 9-36）。ボディー側のフランジに両面テープを貼っておき、ウインドシールドを置いていくという感じで貼るとうまくいきます。ブチル（イソプレン）ゴム系の両面テープは貼り付きは良いのですが、熱に弱く、温度が上がると流れ出してしまいます。そのため、タッピングスクリューなどで数箇所を直接締結しておくとしっかり固定できます。

[25] 艤装部品の製作および取り付け

ドアミラーやランプ類の取り付け、ウインドシールド外周のテーピング（接着剤隠し）、ステッカーの貼り付けなどを行います（図 9-37）。これにより、ドア以外のボディーが完成します。

図 9-36 ●ウインドシールドの貼り付け
（出所：筆者）

図 9-37 ●艤装部品の製作および取り付け
（出所：筆者）

[26] ドアの取り付け

最後に、ボディーにドアを取り付けます。こうして、「Mag-E1（マ

図 9-38 ● ドアを取り付けた完成車「Mag-E1」
（出所：筆者）

ギー1)」のボディーが完成します（図 9-38）。

[27] 発電機を付けたシリーズハイブリッド車への改修

後に、マギー1 の航続距離を延ばすために、発電機を載せてシリーズハイブリッド車（シリーズ HEV）にしました。発電機に採用したのは、ホンダの小型発電機「EX6」です。交流の定格出力は 600W で、定格電圧は 100V です。燃料タンク容量は 2.1L で、定格負荷で 3 時間以上の発電ができます。

ただし、発電機を単純に充電器に接続しただけでは出力不足で発電機は止まってしまいます。発電機の電力で走行するには電流を制御する工夫が必要でした（図 9-39）。

図9-39●発電機を搭載したシリーズハイブリッド車
（出所：筆者）

9.3 まとめ

FRPボディーの製作方法はあまり一般的ではありません。通常は、マスターモデル（平滑な面が製作可能な材料を使う）→メス型（面を分割する）→FRPの貼り込み→各FRPパネルの結合、という手順で造られます。これは、1台をできる限り安価に造るという条件下で考え出した製作方法です。

この製作方法は安価である半面、押し出し発泡スチレンの削りとFRP外面の仕上げに相当の人手を要します。しかしながら、出来栄えとしてはまずまずのものができたと自負しています。これは製作に携わったメンバーの知恵と汗の賜物（たまもの）です。ものづくりでは、知恵を出すことや汗をかくことを嫌がっては良いものはできません。

このボディーを被せてからマギー1への注目度がとても大きくなりました。ボディーというのは商品デザインとして最も目に付くところであり、商品としての大切な要素であることを改めて認識しました。

電動2輪車2台から成るEVの造り方

第10章 電動2輪車2台から成るEVの造り方

超小型EV（以下、マイクロEV）は潜在的なニーズは高い一方で、コストが高いという課題があります。こうした背景から、できる限り安価に造るための1つの手法として、量産されている既存の電動2輪車を改修して4輪車にすることを試みました。このEVを**ペアーEB**と名付けました。2人乗りであることと2台使用していることを掛けて「ペアー」、Electric Bike（電動2輪車）の頭文字をとって「EB」です。これらを合わせました。

10.1 シャシーの製作

図10-1に示すように、中国製の電動2輪車を2台用意して木材で継ぎました。これにステアリング機構を組み入れたものが図10-2です。

図10-1●電動2輪車を2台並列に接続
（出所：筆者）

図 10-2 ●ステアリング機構を組み入れた電動２輪車
（出所：筆者）

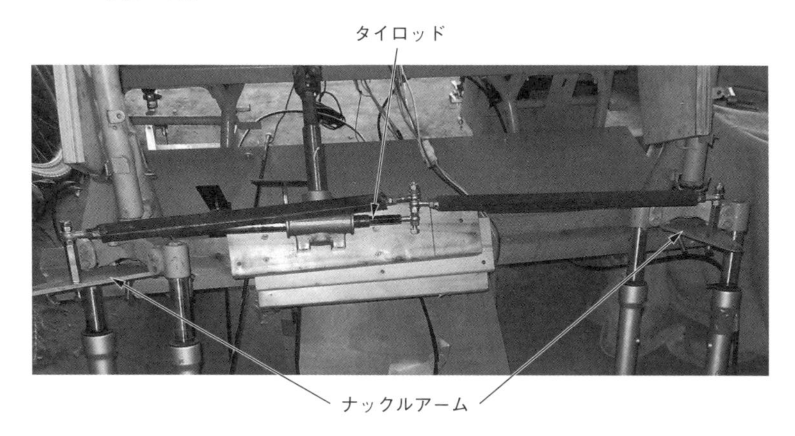

図 10-3 ●ステアリング構造
（出所：筆者）

ステアリング機構は、「Mag-E1（マギー1）」ではタイロッドの両端にナックルアームを接続していましたが、ペアーEBではタイロッドの片端から腕を伸ばし、両側のナックルアームに接続しました（図 10-3）。

図 10-4 ●電装部製作
（出所：筆者）

引き回しが若干違いますが、基本的な考え方は同じで、両方ともアッカーマン式ステアリングです。

電装関係はマギー1と同じなのでここでは省略します。図 10-4 は電装部を製作しているところです。

10.2 車体の製作

シャシーの完成後、ボディーの製作に取り掛かります。図 10-5 は完成予想の模型です。木材で車体の骨組みを造り、トランクルームなどの細部を造り込みます（図 10-6～10-8）。車体の骨組みおよび細部完

図 10-5 ●ボディーの完成予想模型
（出所：筆者）

図 10-6 ●ボディーの骨組み
（出所：筆者）

図 10-7 ●トランクルーム
（出所：筆者）

図 10-8 ●バンパーの成形
（出所：筆者）

図 10-9 ●後部成形
（出所：筆者）

図 10-10 ●サイド成形
（出所：筆者）

成後は、部位ごとに発泡材を成形して貼り付けていきます（図 10-9、図 10-10）。

マギー1では車体全体を発泡材で成形し、そこに繊維強化樹脂（FRP）を貼り付けていきましたが、ペアーEBでは部位ごと（例えばバンパーやルーフなど）にボディーを製作しました（図 10-11、図 10-12）。部位ごとの製作のメリットは、製作スペースが小さくても構わないことです。ボディーを分割できるため、整備性の良いボディーができます。加えて、まとまった製作時間が不要という点もメリットとして挙げられます。

図 10-11 ●ルーフ成形
（出所：筆者）

図 10-12 ●凹凸のある部分はパテで埋める
（出所：筆者）

一方のデメリットは、つなぎ目の精度が要求されるため、結果として出来上がりの外観品質が低くなる点が挙げられます。

発泡材で成形後は、そこにFRPを貼り込みます。方法は、成形したそれぞれの発泡材の部位にグラスウールを被せ、そこにFRPを染み込ませました。FRPを貼り込んだ車体が図10-13です。

この車体を塗装し（図10-14～10-18）、乾燥したらウインドシールドを取り付けます。材質は、成形のしやすさや質量、透明性、硬さな

図10-13●塗装前のボディー
（出所：筆者）

図10-14●塗装材（色はターコイズ）
（出所：筆者）

図10-15●車体塗装
（出所：筆者）

図 10-16●ルーフの塗装
（出所：筆者）

図 10-17●トランクリッドの塗装
（出所：筆者）

図 10-18●塗装後の車体
（出所：筆者）

どを考慮し、ポリカーボネート（PC）としました。取り付け方は、まず車体側に適度の厚さを持った両面テープを貼り、その上にポリカーボネートを載せます。さらにその上から黒いテープを貼って完成です（図10-19～10-21）。

ウインドシールドの曲面は造りやすさを考慮し、**2次元曲面**としまし

図 10-19 ●ウインドシールドの取り付け
（出所：筆者）

図 10-20 ●黒テープで縁取り
（出所：筆者）

図 10-21 ●ウインドシールド取り付け後のボディー
（出所：筆者）

た。**3 次元曲面**にすると加熱炉で成形しなければならないため、大掛かりな設備が必要になります。なお、マギー1では3次元曲面のウインドシールドとしたため、加熱炉を持つ企業に成形を依頼しました。

10.3 補機類の装着

補機類としては前照灯（ヘッドランプ）や方向指示器（ウインカー）、制動灯（ストップランプ）、尾灯（バックランプ）などがあります。図10-22は、前照灯や方向指示器、サイドミラーを取り付けた写真です。センター寄りのランプが前照灯、その外側のランプが方法指示器です。

図10-23は、制動灯や尾灯、方法指示器を取り付けたボディーです。これら3つのランプはコンビネーションランプとして一体化しています。これらの電源はメイン電源から**DC-DCコンバーター**を介して変換した12Vです。そして、簡易ドアを取り付けて完成です（図10-24）。

図10-22●前照灯、方向指示器、サイドミラーの装着
（出所：筆者）

図 10-23 ●制動灯、尾灯、方向指示器の塗装
（出所：筆者）

図 10-24 ●完成車
（出所：筆者）

複数台のEVの造り方

第11章 複数台のEVの造り方

ここまでの章で述べてきた超小型EV（以下、マイクロEV）、すなわち「Mag-E1（マギー1）」と「ペアーEB」は、両方とも1台限りの製作方法です。しかし、多くの人に使ってもらうには、同時に複数のEVを製作する必要があります。そこで、この章では実証試験に使うために複数のマイクロEVを製作した例を示します。具体的には4台製作したので、その手順を説明しましょう。これらのマイクロEVを**マイクロTT2**と名付けました。

11.1 FRP車体の製作

基本計画や設計手順はマギー1と同じなので省略します。また、発泡

図11-1●マイクロTT2のマスターモデル
（出所：筆者）

図 11-2 ●メス型の作製
（出所：筆者）

材でマスターモデル（図 11-1）を造る過程も同じですが、その後の手順が異なります。

マギー1ではマスターモデルに繊維強化樹脂（FRP）を貼り付けましたが、複数台造るにはメス型が必要になります。そこで、図 11-2 に示すように FRP のメス型を造ります。このメス型から FRP ボディーを造って塗装します（図 11-3、図 11-4）。

型は何台造るかによって材質が異なります。一般に、自動車メーカーではクルマを量産するために**金型**を使います。ただし、金型は製作コストが高いため、その費用を償却するのに多くの台数の量産が必要になります。

そこで、生産台数が少ない場合は、木型や樹脂型を使います。ただし、木型や樹脂型で多くの台数を生産しようとすると、型に歪（ひず）みが生じるため、品質の高い商品は出来上がりません。

図 11-3 ●FRP 車体
（出所：筆者）

図 11-4 ●車体の塗装
（出所：筆者）

11.2 シャシー

シャシーには、マギー1とは異なり、全て日本製の部品を使いました。特にモーターは、マイクロTT2のためのオリジナルで、減速機付きのインホイールモーターです（図11-5）。このシャシーにメス型から成形したFRPのボディー外皮を載せると完成です（図11-6）。4台製作し、白色、黄色、青色、ピンク色の塗装を施しました。

図11-5●減速機付きインホイールモーター
（出所：筆者）

図 11-6●マイクロ TT2 完成車両（1 号車：白色、2 号車：黄色、3 号車：青色、4 号車：ピンク色）（出所：筆者）

マイクロEVの応用と展開

第12章

マイクロEVの応用と展開

12.1 汎用シャシー

電気自動車（EV）は排出ガスがないだけではなく、**制御回路**を組み込みやすいという特長もあります。そのため、次世代の乗り物として幅広い応用が期待できます。例えば、ショッピングモールでの室内乗用や、空港での自動運搬、屋根付きシニアカー、病院での構内運搬、高齢者用コミューターなどです。

いろいろな乗り物に利用するには、**汎用シャシー**があれば便利です。EVは電機製品のように**ユニット化**できます。図12-1はシャシーの前部をユニット化した「前輪ユニット」と後部をユニット化した「後輪ユニット」です。前輪ユニットにはアクセルペダルとブレーキペダル、ステアリングも組み込まれています。後輪ユニットにはインホイールモーターが装着されており、この2つのユニットをつなぐだけでクルマとし

図12-1●足回りユニット〔前輪（左）と後輪（右）〕
（出所：筆者）

て走行できます（図 12-2）。

図 12-3 は、これらのユニットを使ったトラックです。ユニットが準備されていれば、数週間で完成させることができます。

後輪ユニットを 4 セット使えば、バスに必要な駆動力を得ることもで

図 12-2 ●前後輪ユニットをつなげたシャシー
（出所：筆者）

図 12-3 ●足回りユニットを使ったトラック
（出所：筆者）

図 12-4 ●後輪ユニットを 4 セット使った電動バス
（出所：シンクトゥギャザーの Web サイト）

きます。図 12-4 は乗車定員 10 人の**低速電動バス**です。法規上の制約から最高速度 19km/h に設定しています。ルーフには太陽電池が載っており、560W の出力があります（図 12-5）。バッテリーはカートリッジ式にしてあり、満充電のバッテリーといつでも交換できます（図 12-6）。8 輪のため、最後尾の固定輪以外は操舵するように設定しました（図 12-7）。

その後、16 人乗りの 10 輪バスも開発し、自動運転車両にも改造されています（図 12-8）。また、小型化された 7 人乗りの 4 輪バスも発表されました（図 12-9）。これらについては、シンクトゥギャザー（群馬県桐生市）の Web サイトを参照してください。

図 12-5 ●ルーフに載せた太陽電池
（出所：シンクトゥギャザーの Web サイト）

図 12-6 ●カートリッジ式バッテリー
（出所：シンクトゥギャザーの Web サイト）

図 12-7 ●前 6 輪が操舵する
（出所：シンクトゥギャザーの Web サイト）

図 12-8 ● 16 人乗り 10 輪バス
（出所：シンクトゥギャザーの Web サイト）

図 12-9 ● 7 人乗り 4 輪バス
（出所：シンクトゥギャザーの Web サイト）

12.2 太陽エネルギーで走るマイクロ EV

太陽電池とクルマをセットにした、いわゆるスマートシティー構想は、既に多くの提案がなされています。しかし、システムが大掛かりなため、個人レベルでの実現は難しいでしょう。ここでは、超小型 EV（以下、マイクロ EV）をベースにした安価なシステムを構築し、実証試験した例を紹介します。

マイクロ EV は消費電力が小さいので、太陽電池も 4m^2 の小さなものにしました。コントローラーやインバーターには市販のものを使い、蓄電には鉛バッテリー（鉛蓄電池）を使用しました。比較的安価でシステムを構築できるため、個人レベルでも導入できます。

マイクロ EV は価格がネックになって普及が難しいといわれますが、

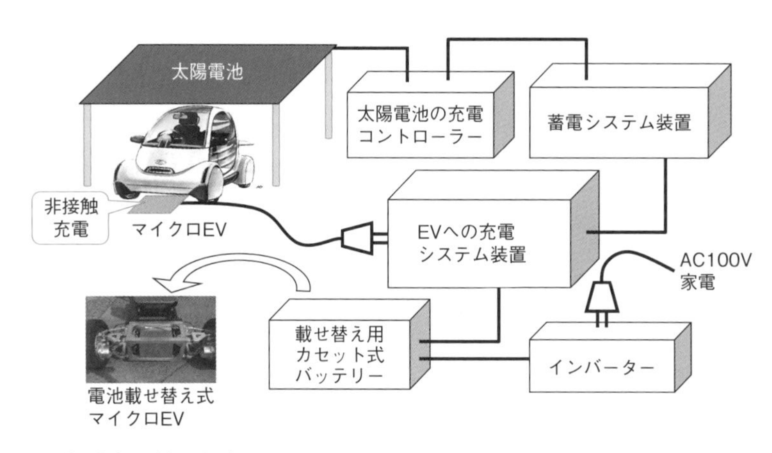

図 12-10 ●マイクロ EV とソーラーシステム
（出所：筆者）

図 12-11 ●ソーラーシステム実証実験
（出所：筆者）

この提案のように燃料代がかからないクルマとしてシステム化すれば、マイクロEVの割高感を吸収できると思います。システム図を図12-10に示します。

図12-11は実証試験を行った様子です。マイクロEV用の小さな車庫の上に$4m^2$の太陽電池を載せました。トラックタイプのマイクロEVを群馬県桐生市内にある動物園において、動物のえさ運びに使いました。非接触給電もできるようにしましたが、対応出力が小さ過ぎたため、実証試験では使われませんでした。

試験結果はおおむね計画通りでした。ただし、動物園内での走行距離が短かったため、太陽電池から充電した電力が使い切れないことが多くありました。また、鉛蓄電池の劣化が激しく、そこは今後の課題です。

appendix

付 録

appendix 1
デザイン企画詳細

1.1　先行デザイン

「デザイン企画」が決定されると、商品企画における要請項目や、デザイン企画に基づく具現化のための解決策として、あらかじめ開発しておいたさまざまな要素を含めてデザインアイデアが多数展開されます。

こうして生産デザインに移行すべき方向性の模索が行われるのですが、ここで後の生産デザインをスムーズに進めるために非常に重要なのが、関係部署との情報の共有です。デザイン部門は意匠だけにとどまらず、基本パッケージレイアウトやさまざまな部位の機能、使い勝手などにも関与します。技術開発が必要なデザインアイデアをあらかじめ発掘しておくのも、デザイン先行研究での重要な役割となります。

加えて、長期的な視点で将来のデザインや商品群を研究しておくのもデザイン先行研究において重要なことです。そのためには、研究開発部門や商品企画部門と連携を強めたり、モーターショーなどでコンセプト車に対する市場の反響などを分析したりする方法が有効となります。

1.2　生産デザイン

エクステリア

生産モデルとして選択されたエクステリアのデザイン案については、この段階でさらに綿密なハード要件と最終的な製品としての見栄え、生産性などの折り込みや細部の造り込みを行います。ボディー面やバンパーなどの大きい部分から、艤装品などの造り込みに中心が移行していきます。並行してデジタルデータも変更点などを入れつつ磨き上げ、確認モデルもしくは承認モデルとして審査を受けることになります。

インテリア

複数案から選択されたインテリアのデザイン案について、エクステリアの生産モデルと整合を取りつつ、上記と同様に進められます。特にこの段階では、機能面のハード要件はもちろん、共用部品や原価、質量の整合について厳しく煮詰められます。

インテリアで特に重要なのは「感性品質」です。この品質の大部分に影響を与えるのが、マテリアルデザインです。すなわち、マテリアルデザインが成功するか否かが感性品質の鍵を握っています。

ユーザー視点から見た品質評価の重要なポイントは、次の４テーマです。従って、この開発段階では、これらの４テーマについて徹底的にチェックし、煮詰めていきます。

（1）印象の良さ、雰囲気

（2）使いやすさ

（3）合わせ品質

（4）統一感（色、艶、シボ、素材、工法）

appendix 2
道路運送車両の保安基準 59～66 条

国土交通省が定める「道路運送車両の保安基準 59～66 条」について、以下に抜粋します。

道路運送車両の保安基準の細目を定める告示【2009.10.24】〈第二節〉第255 条
（各節の適用：原付）

第 255 条　この節の規定は、型式認定原動機付自転車以外の原動機付自転車を新たに運行の用に供しようとする場合に適用する。

2　この節の規定については、適用関係告示でその適用関係の整理のため必要な事項を定めることができる。

道路運送車両の保安基準【2003.09.26】第 59 条
（長さ、幅及び高さ）

第 59 条　原動機付自転車は、告示で定める方法により測定した場合において、長さ 2.5 メートル、幅 1.3 メートル、高さ 2 メートルを超えてはならない。ただし、地方運輸局長の許可を受けたものにあっては、この限りでない。

道路運送車両の保安基準の細目を定める告示【2003.09.26】〈第二節〉第256 条
（長さ、幅及び高さ）

第 2 節　型式認定原動機付自転車以外の原動機付き自転車であって新たに運行の用に供しようとするものの保安基準の細目（長さ、幅及び高さ）

第 256 条　原動機付自転車の測定に関し、保安基準第 59 条第 1 項の告示で定める方法は、第 1 号から第 3 号までに掲げる状態の原動機付自転車を、第 4 号により測定するものとする。

一　空車状態

二　外開き式の窓及び換気装置については、これらの装置を閉鎖した状態

三　車体外に取り付けられた後写鏡及びたわみ式アンテナについては、これらの装置を取り外した状態。この場合において、車体外に取り付けられた後写鏡は、当該装置に取り付けられた灯火器及び反射器を含むものとする。

四　直進姿勢にある原動機付自転車を水平かつ平坦な面（以下「基準面」という。）に置き巻き尺等を用いて次に掲げる寸法を測定した値（単位は cm とし、1cm 未満は切り捨てるものとする。）とする。

イ　長さについては、原動機付自転車の最も前方及び後方の部分を基準面に投影した場合において、車両中心線に平行な方向の距離

ロ　幅については、原動機付自転車の最も側方にある部分を基準面に投影した場合において、車両中心線と直交する直線に平行な方向の距離

ハ　高さについては、原動機付自転車の最も高い部分と基準面との距離

道路運送車両の保安基準【2003.09.26】第 60 条（接地部及び接地圧）

第 60 条　原動機付自転車の接地部及び接地圧は、道路を破損するおそれのないものとして、告示で定める基準に適合しなければならない。

道路運送車両の保安基準の細目を定める告示【2003.09.26】

〈第二節〉第 257 条（接地部及び接地圧）

第 257 条　走行装置の接地部及び接地圧に関し、保安基準第 60 条の告示で定める基準は、次の各号に掲げる基準とする。

一　接地部は、道路を破損する恐れのないものであること。

二　ゴム履帯又は平滑履帯を装着したカタピラを有する原動機付自転車は、前号の基準に適合するものとする。

三　空気入りゴムタイヤ又は接地部の厚さ 25mm 以上の固形ゴムタイヤについては、その接地圧は、タイヤの接地部の幅 1cm あたり 200kg を超えないこと。この場合において、「タイヤの接地部の幅」とは、実際に地面と接している部分の最大幅をいう。

四　カタピラについては、その接地圧は、カタピラの接地面積 1cm2 あたり 3kg を超えないこと。この場合において、カタピラの接地面積は、見かけ接地面

積とし、次式により算出した値（単位は cm2 とし、整数位とする。）とする。

（算式）

A＝a・b

ただし

　A：見かけの接地面積

　a：履帯の接地長

　b：履帯の接地幅

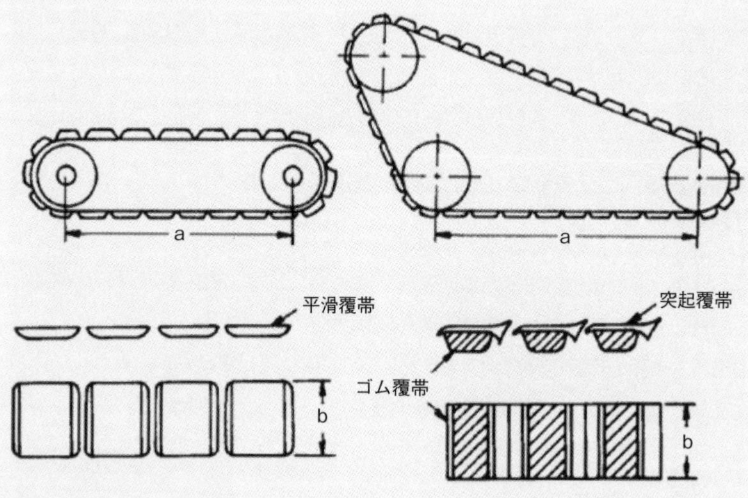

図 A2-1 ●参考図

五　前 2 号の接地部及びそり以外の接地部については、その接地圧は、接地部の幅 1cm 当たり 100kg を超えないこと。

六　付随車を牽引する原動機付自転車にあっては、付随車を連結した状態においても、前 3 号の基準に適合すること。

道路運送車両の保安基準【2003.09.26】第 61 条（制動装置）

第61 条　原動機付自転車（付随車を除く。）には、走行中の原動機付自転車が確実かつ安全に減速及び停止を行うことができ、かつ、平坦な舗装路面等で確実に当該原動機付自転車を停止状態に保持できるものとして、制動性能に関し告示で定める基準に適合する２系統以上の制動装置を備えなければならない。

２　付随車及びこれを牽引する原動機付自転車の制動装置は、付随車とこれを牽引する原動機付自転車とを連結した状態において、走行中の原動機付自転車の減速及び停止等に係る制動性能に関し告示で定める基準に適合しなければならない。

３　付随車の制動装置は、これを牽引する原動機付自転車の制動装置のみで、前項の基準に適合する場合には、これを省略することができる。

道路運送車両の保安基準の細目を定める告示【2020.01.31】〈第２節〉第 258 条
（制動装置）

第 258 条　走行中の原動機付自転車の減速及び停止等に係る制動性能に関し保安基準第 61 条第１項の告示で定める基準は、次項及び第３項の基準とする。

２　原動機付自転車（次項の原動機付自転車及び付随車を除く。）には、協定規則第 78 号の技術的な要件（同規則第４改訂版補足改訂版規則 5. 及び 6. に限る。）に適合する制動装置（四輪又は最高速度 25km/h 未満の原動機付自転車にあっては、別添 98「原動機付自転車の制動装置の技術基準」に定める基準及び次の基準に適合する２系統以上の制動装置）を備えなければならない。

この場合において、第二種原動機付自転車（最高速度 25km/h 未満のものを除く。）には、走行中の原動機付自転車の制動に著しい支障を及ぼす車輪の回転運動の停止を有効に防止することができる装置（協定規則第 78 号の技術的な要件（同規則第４改訂版補足改訂版附則３の 9. に限る。）に適合するものに限る。）又は１個の操作装置により前車輪及び後車輪を制動することができる装置（協定規則第 78 号の技術的な要件（同規則第４改訂版補足改訂版附則３に限る。）に適合するものに限る。）を備えることとする。

一　制動装置は、堅ろうで運行に十分耐え、かつ、振動、衝撃、接触等により損傷を生じないように取り付けられているものであり、次に掲げるものでないこと。

イ　ブレーキ系統の配管又はブレーキ・ケーブル（それらを保護するため、それらに保護部材を巻きつける等の対策を施してある場合の当該保護部材を除く。）であって、ドラッグ・リンク、推進軸、排気管、タイヤ等と接触しているもの又は走行中に接触した痕跡があるもの若しくは接触するおそれがあるもの

ロ　ブレーキ系統の配管又は接手部から液漏れ若しくは空気漏れがあるもの又は他の部分との接触により、それらから液漏れ若しくは空気漏れが生じるおそれがあるもの

ハ　ブレーキ・ロッド若しくはブレーキ・ケーブルに損傷があるもの又はその連結部に緩みがあるものているもの

ニ　ブレーキ・ロッド又はブレーキ系統の配管に溶接又は肉盛り等の修理を行った部品（パイプを二重にして確実にろう付けした場合の銅製パイプを除く。）を使用し

ホ　ブレーキ・ホース又はブレーキ・パイプに損傷があるもの

ヘ　ブレーキ・ホースが著しくねじれを生じているもの

ト　ブレーキ・ペダルに遊び又は床面とのすきまがないもの

チ　ブレーキ・レバーに遊び又は引き代のないもの

リ　ブレーキ・レバーのラチェットが確実に作動しないもの又は損傷しているもの

ヌ　その他、堅ろうでないもの又は振動、衝撃、接触等により損傷を生じないように取り付けられていないもの

二　制動装置は、かじ取性能を損なわない構造及び性能を有するものであり、かつ、ブレーキの片ぎき等により横滑りを起こすものではないこと。

三　後車輪を含む半数以上の車輪を制動する主制動装置を備えること。この場合において、ブレーキ・ディスク、ブレーキ・ドラム等の制動力が作用する面が、ボルト、軸、歯車等の強固な部品により車軸と結合している場合にあっては、当該制動装置は、車輪を制動する機能を有するものとみなすものとする。

四　主制動装置は、繰り返し制動を行った後においても、その制動効果に著しい支障を容易に生じないものであること。

五　主制動装置の制動液は、それによる配管の腐食又は原動機等の熱の影響による気泡の発生等により、当該主制動装置の機能を損なわないものであること。

六　液体の圧力により作動する主制動装置は、次に掲げるいずれかの構造を有するものであること。

イ　制動液の液面のレベルを容易に確認できる、透明若しくは半透明なリザーバ・タンク又はゲージを備えたもの

ロ　制動液が減少したときに、運転者席の運転者に警報する液面低下警報装置を備えたもの

ハ　その他制動液の液量がリザーバ・タンクのふたを開けないで容易に確認できるもの

七　主制動装置は、雨水の付着等により、その制動効果に著しい支障を生じないものであること。

八　分配制動機能を有する主制動装置を備える自動車にあっては、操作装置に90N 以下の力が加わったときに液圧式伝達装置が故障した場合及び制動装置が作動していないにもかかわらず制動液の液量が自動車製作者等の指定する量又は制動液のリザーバ・タンクの容量の半分の量のうちいずれか多い量以下となった場合に、運転者席の運転者に視覚的に警報する赤色警報装置を備えなければならない。

九　走行中の原動機付自転車の制動に著しい支障を及ぼす車輪の回転運動の停止を有効に防止できる装置を備えた原動機付自転車にあっては、その装置が正常に作動しないおそれが生じたときに、その旨を運転者席の運転者に警報する黄色警報装置、橙色警報装置又は赤色警報装置を備えたものであること。

3　最高速度 50km/h 以下の第一種原動機付自転車には、前項の基準（第３号を除く。）に適合する２系統以上の制動装置であって、次に掲げるもののうちいずれかを備えなければならない。

一　二輪の原動機付自転車にあっては、２個の独立した操作装置を有し、前車輪を含む車輪及び後車輪を含む車輪をそれぞれ独立に制動する主制動装置

二　車輪の配置が対称である三輪の原動機付自転車にあっては、駐車制動装置及び次に掲げるいずれかの制動装置

イ　２個の独立した主制動装置によりすべての車輪を制動するもの（連動制動機能を有する主制動装置を除く。）

ロ　分配制動機能を有する主制動装置

ハ　すべての車輪を制動する連動制動機能を有する主制動装置及び補助主制動装置。この場合において、補助主制動装置の代わりに駐車制動装置を備えるものであってもよい。

三　四輪を有する原動機付自転車にあっては、後車輪を含む半数以上の車輪を制動する主制動装置

4　付随車とこれを牽引する原動機付自転車とを連結した状態において、走行中の原動機付自転車の減速及び停止等に関する制動性能に関し、保安基準第 61 条第 2 項の告示で定める基準は、次に掲げる基準とする。

一　第 2 項の原動機付自転車に牽引される場合にあっては、主制動装置は、乾燥した平たんな舗装路面で、イ及びロの計算式に適合する制動能力を有すること。この場合において、運転者の操作力は、足動式のものにあっては 350N 以下、手動式のものにあっては 200N 以下とする。

イ　$S1 \leqq 0.1V1+\alpha V12$

この場合において、原動機と走行装置の接続は断つこととし、

S1 は、停止距離（単位 m）

V1 は、制動初速度（その原動機付自転車の最高速度の 90 %の速度とする。ただし、最高速度の 90 %の速度が 60km/h を超える原動機付自転車にあっては、60 とする。）（単位 km/h）

α は、**表 A2-1** の左欄に掲げる原動機付自転車の種別に応じ、同表の中欄に掲げる制動装置の作動状態において、同表の右欄に掲げる値とする。

表 A2-1

原動機付自転車の種別	制動装置の作動状態	α
1 個の操作装置で前輪及び後輪の制動装置を作動させることができない原動機付自転車	前輪の制動装置のみを作動させる場合	0.0087
	後輪の制動装置のみを作動させる場合	0.0133
1 個の操作装置で前輪及び後輪の制動装置を作動させることができる原動機付自転車	主たる操作装置により前輪及び後輪の制動装置をさせる場合	0.0076
	主たる操作装置以外の操作装置により前輪のみ、後輪のみ又は前輪及び後輪の制動装置を作動させる場合	0.0154

ロ　$S2 \leqq 0.1V2+0.0067V22$

この場合において、

S2 は、停止距離（単位 m）

V2 は、制動初速度（その原動機付自転車の最高速度の 80 %の速度とする。ただし、最高速度の 80 %の速度が 160km/h を超える原動機付自転車にあっては、160 とする。）（単位 km/h）

二　前項の原動機付自転車に牽引される場合にあっては、主制動装置は、乾燥した平たんな舗装路面で、次の計算式による制動能力を有すること。この場合において、運転者の操作力は、足動式のものにあっては 350N 以下、手動式のものにあっては 200N 以下とする。

$S \leqq 0.1V+\alpha V2$

この場合において、原動機と走行装置の接続は断つこととし、

S は、停止距離（単位 m）

V は、制動初速度（その原動機付自転車の最高速度の 90 %の速度とする。ただし、その原動機付自転車の最高速度の 90 %の速度が 40km/h を超える場合にあっては、40 とする。）（単位 km/h）

α は、**表 A2-2** の左欄に掲げる原動機付自転車の種別に応じ、同表の中欄に掲げる制動装置の作動状態において、同表の右欄に掲げる値とする。

表 A2-2

原動機付自転車の種別	制動装置の作動状態	α
1 個の操作装置で前輪及び後輪の制動装置を作動させることができない原動機付自転車	前輪の制動装置のみを作動させる場合	0.0111
	後輪の制動装置のみを作動させる場合	0.0143
1 個の操作装置で前輪及び後輪の制動装置を作動させることができる原動機付自転車	主たる操作装置により前輪及び後輪の制動装置をさせる場合	0.0087
	主たる操作装置以外の操作装置により前輪のみ、後輪のみ又は前輪及び後輪の制動装置を作動させる場合	0.0154

道路運送車両の保安基準【2018.04.27】第 61 条の 2 （車体）

第 61 条の 2　原動機付自転車（二輪のもの及び付随車を除く。）の車体は、次の基準に適合するものでなければならない。

一　車体は、堅ろうで運行に十分に耐え、かつ、原動機付自転車の周囲にある他の交通からの視認性を向上させるものとして、強度、構造等に関し告示で定める基準に適合するものであること。

二　車体の外形その他原動機付自転車の形状は、回転部分が突出していないこと等他の交通の安全を妨げるおそれがないものとして、告示で定める基準に適合するものであること。

三　座席の地上面からの高さが 500mm 未満の原動機付自転車（またがり式の座席を有するものを除く。）の車体は、他の交通からの視認性が確保されるものであること。この場合において、地上 1m 以上の車体の構造について車両中心線に平行な鉛直面への投影面及びそれと直角に交わる鉛直面への投影面の大きさがそれぞれ長さ 300mm 以上、幅 250mm 以上のものにあっては、この基準に適合するものとする。

2　車体の外形その他原動機付自転車の形状に関し、保安基準第 61 条の 2 第 2 号の告示で定める基準は、車体の外形その他原動機付自転車の形状が、回転部分が突出する等他の交通の安全を妨げるおそれのあるものでないこととする。

この場合において、原動機付自転車が直進姿勢をとった場合において、車軸中心を含む鉛直面と車軸中心を通りそれぞれ前方 30° 及び後方 50° に交わる 2 平面によりはさまれる走行装置の回転部分（タイヤ、ホイール・キャップ等）が当該部分の直上の車体（フェンダ等）より車両の外側方向に突出していないものは、この基準に適合するものとする。

道路運送車両の保安基準【2018.04.27】第 61 条の 3 （ばい煙、悪臭のあるガス、有害なガス等の発散防止装置）

＜省略＞

道路運送車両の保安基準【2003.09.26】第 62 条
（前照灯）

第62条　原動機付自転車（付随車を除く。）の前面には、前照灯を備えなければならない。

2　前照灯は、夜間に原動機付自転車の前方にある交通上の障害物を確認でき、かつ、その照射光線が他の交通を妨げないものとして、灯光の色、明るさ等に関し告示で定める基準に適合するものでなければならない。

3　前照灯は、その性能を損なわないように、かつ、取付位置、取付方法等に関し告示で定める基準に適合するように取付けられなければならない。

道路運送車両の保安基準の細目を定める告示【2015.06.15】〈第二節〉第 260 条
（前照灯）

第 260 条　前照灯の灯光の色、明るさ等に関し、保安基準第 62 条第 2 項の告示で定める基準は、次の各号に掲げる基準とする。

一　前照灯は、夜間前方 40m の距離にある交通上の障害物を確認できる性能を有すること。

二　前照灯の照射光線は、原動機付自転車の進行方向を正射し、その主光軸は、下向きであること。

三　前照灯の灯光の色は、白色であること。

四　前照灯は、灯器が損傷し、又はレンズ面が著しく汚損しているものではないこと。

2　前照灯の取付位置、取付方法等に関し、保安基準第 62 条第 3 項の告示で定める基準は、次の各号に掲げる基準とする。この場合において、前照灯の照明部及び取付位置の測定は、別添 94「灯火等の照明部、個数、取付位置等の測定方法（第 2 章第 2 節及び同章第 3 節関係）」を準用するものとする。

一　光度が 1 万 cd 以上の前照灯にあっては、減光し又は照射方向を下向きに変換することができる構造であること。

二　前照灯の取付位置は、地上 1m 以下であること。

三　前照灯は、原動機が作動している場合に常に点灯している構造であること。

四　前照灯の個数は、1 個又は 2 個であること。

五　前照灯を 1 個備える場合を除き左右同数であり、かつ、前面が左右対称である原動機付自転車に備えるものにあっては、車両中心面に対して対称の位置に取り付けられたものであること。

六　前照灯は、点滅するものでないこと。

七　前照灯の直接光又は反射光は、当該前照灯を備える原動機付自転車の運転操作を妨げるものでないこと。

八　前照灯は、その取付部に緩み、がた等がある等その照射光線の方向が振動、衝撃等により容易にくるうおそれのないものであること。

3　施行規則第 62 条の 3 第 1 項の規定により型式の認定を受けた原動機付自転車に備えられたものと同一の構造を有し、かつ、同一の位置に備えられた前照灯であってその機能を損なう損傷等のないものは、前項各号の基準に適合するものとする。

道路運送車両の保安基準【2003.09.26】第 62 条の 2（番号灯）

第 62 条の 2　原動機付自転車の番号灯は、夜間にその後面に取り付けた市町村（特別区を含む。）の条例で付すべき旨を定めている標識の番号等を確認できるものとして、灯光の色、明るさ等に関し告示で定める基準に適合するものでなければならない。

2　番号灯は、その性能を損なわないように、かつ、取付方法等に関し告示で定める基準に適合するように取り付けられなければならない。

道路運送車両の保安基準の細目を定める告示【2003.09.26】〈第二節〉第261条
（番号灯）

第261条　番号灯の灯光の色、明るさ等に関し、保安基準第62条の2第1項の告示で定める基準は、次の各号に掲げる基準とする。

一　原動機付自転車の番号灯は、夜間後方8mの距離からその後面に取り付けた市町村（特別区を含む。）の条例で附すべき旨を定めている標識の番号等を確認できるものであること。

二　番号灯の灯色の色は、白色であること。

三　番号灯は、灯器が損傷し、又はレンズ面が著しく汚損しているものでないこと。

2　施行規則第62条の3第1項の規定により型式の認定を受けた原動機付自転車に備えられている番号灯であってその機能を損なう損傷等のないものは、前項各号の基準に適合するものとする。

3　番号灯の取付方法等に関し、保安基準第62条の2第2項の告示で定める基準は、次の各号に掲げる基準とする。この場合において、番号灯の照明部、個数及び取付位置の測定は、別添94「灯火等の照明部、個数、取付位置等の測定方法（第2章第2節及び同章第3節関係）」を準用するものとする。

一　番号灯は、運転者席において消灯できない構造又は前照灯が点灯している場合に消灯できない構造であること。

二　番号灯は、点滅しないものであること。

三　番号灯の直接光又は反射光は、当該番号灯を備える原動機付自転車及び他の原動機付自転車等の運転操作を妨げるものでないこと。

四　番号灯は、灯器の取付部及びレンズ部に緩み、がたがない等第1項に掲げる性能を損なわないように取り付けられていること。

4　施行規則第62条の3第1項の規定により型式の認定を受けた原動機付自転車に備えられたものと同一の構造を有し、かつ、同一の位置に備えられた番号灯であってその機能を損なう損傷等のないものは、前項各号の基準に適合するものとする。

道路運送車両の保安基準【2018.04.27】第 62 条の 3
（尾灯）

第 62 条の 3　原動機付自転車（最高速度 20 キロメートル毎時未満のものを除く。第 62 条の 4、第 63 条の 2、第 65 条の 2、第 65 条の 3、第 66 条の 2 及び第 66 条の 3 において同じ。）の後面には、尾灯を備えなければならない。

2　尾灯は、夜間に原動機付自転車の後方にある他の交通に当該原動機付自転車の存在を示すことができ、かつ、その照射光線が他の交通を妨げないものとして、灯光の色、明るさ等に関し告示で定める基準に適合するものでなければならない。

3　尾灯は、その性能を損なわないように、かつ、取付位置、取付方法等に関し告示で定める基準に適合するように取り付けられなければならない。

道路運送車両の保安基準の細目を定める告示【2018.04.27】〈第 2 節〉第 262 条
（尾灯）

第 262 条　尾灯の灯光の色、明るさ等に関し、保安基準第 62 条の 3 第 2 項の告示で定める基準は、次の各号に掲げる基準とする。この場合において、尾灯の照明部の取扱いは、別添 94「灯火等の照明部、個数、取付位置等の測定方法（第 2 章第 2 節及び同章第 3 節関係）」に定める基準を準用するものとする。

一　尾灯は、夜間にその後方 300m の距離から点灯を確認できるものであり、かつ、その照射光線は、他の交通を妨げないものであること。この場合において、その光源が 5W 以上 30W 以下で照明部の大きさが 15cm2 以上であり、かつ、その機能が正常である尾灯は、この基準に適合するものとする。

二　尾灯の灯光の色は、赤色であること。

三　尾灯の照明部は、尾灯の中心を通り原動機付自転車の進行方向に直行する水平線を含む、水平面より上方 15°の平面及び下方 15°の平面並びに尾灯の中心を含む、原動機付自転車の進行方向に平行な鉛直面より尾灯の内側方向 45°の平面及び尾灯の外側方向 80°の平面により囲まれる範囲においてすべての位置から見通すことができるものであること。

ただし、原動機付自転車の後面の中心に備えるものにあっては、尾灯の中心を通り原動機付自転車の進行方向に直交する水平線を含む、水平面より上方 15°の平面及び下方 15°の平面並びに尾灯の中心を含む、原動機付自転車の進行方向に平行な鉛直面から左右にそれぞれ 80°の平面により囲まれる範囲において全ての位置から見通すことができるものとする。

四　尾灯は、灯器が損傷し、又はレンズ面が著しく汚損しているものでないこと。

2　尾灯の取付位置、取付方法等に関し、保安基準第 62 条の 3 第 3 項の告示で定める基準は、次の各号に掲げる基準とする。この場合において、尾灯の照明部、個数及び取付位置の測定方法は、別添 94「灯火等の照明部、個数、取付位置等の測定方法（第 2 章第 2 節及び同章第 3 節関係）」に定める基準を準用するものとする。

一　尾灯は、運転者席において消灯できない構造又は前照灯、前部霧灯若しくは車幅灯のいずれかが点灯している場合に消灯できない構造であること。ただし、道路交通法第 52 条第 1 項の規定により前照灯を点灯しなければならない場合以外の場合において、前照灯又は前部霧灯を点灯させる場合に尾灯が点灯しない装置を備えることができる。

二　尾灯は、その照明部の中心が地上 2m 以下となるように取り付けられていること。ただし、座席の地上面からの高さが 500mm 未満の原動機付自転車（次に掲げるものを除く。）に備える尾灯のうち最上部にあるものは、その照明部の中心が地上 1m 以上、2m 以下となるように取り付けられていること。

イ　またがり式の座席を有する原動機付自転車

ロ　二輪の原動機付自転車

三　後面の両側に備えられる尾灯にあっては、最外側にあるものの照明部の最外縁は、原動機付自転車の最外側から 400mm 以内となるように取り付けられていること。

四　後面に備える尾灯は、車両中心に対して左右対称に取り付けられたものであること（後面が左右対称でない原動機付自転車の尾灯を除く。）。

五　尾灯の点灯操作状態を運転者席の運転者に表示する装置を備えること。ただし、最高速度 35km/h 未満の原動機付自転車並びに尾灯と連動して点灯する運転者席及びこれと並列の座席の前方に設けられた計器類を備える原動機付自転車にあっては、この限りでない。
六　尾灯は、第 1 項に掲げた性能（尾灯の照明部の上縁の高さが地上 0.75m 未満となるように取り付けられている場合にあっては、同項に掲げた性能のうち同項第 3 号の基準中「下方 15°」とあるのは「下方 5°」とする。）を損なわないように取り付けられなければならない。
この場合において、尾灯の灯器の取付部及びレンズ取付部に緩み、がた等があるものは、この基準に適合しないものとする。ただし、原動機付自転車の構造上、同項第 3 号に規定する範囲において、すべての位置から見通すことができるように取り付けることができない場合にあっては、可能な限り見通すことができる位置に取り付けられていること。
3　施行規則第 62 条の 3 第 1 項の規定により型式の認定を受けた原動機付自転車に備えられている尾灯と同一構造を有し、かつ、同一位置に備えられた尾灯であって、その機能を損なう損傷のないものは、前項各号の基準に適合するものとする。

道路運送車両の保安基準【2017.02.09】第 62 条の 4
（制動灯）

第 62 条の 4　原動機付自転車の後面には、制動灯を備えなければならない。
2　制動灯は、原動機付自転車の後方にある他の交通に当該原動機付自転車が制動装置を操作していることを示すことができ、かつ、その照射光線が他の交通を妨げないものとして、灯光の色、明るさ等に関し告示で定める基準に適合するものでなければならない。
3　制動灯は、その性能を損なわないように、かつ、取付位置、取付方法等に関し告示で定める基準に適合するように取り付けられなければならない。
4　制動灯を緊急制動表示灯として使用する場合にあっては、その間、当該制動灯については前 2 項の基準は適用しない。

道路運送車両の保安基準の細目を定める告示【2015.06.15】〈第二節〉第263条
（制動灯）

第263条　制動灯の灯光の色、明るさ等に関し、保安基準第62条の4第2項の告示で定める基準は、次に掲げる基準とする。この場合において、制動灯の照明部の取扱いは、別添94「灯火等の照明部、個数、取付位置等の測定方法（第2章第2節及び同章第3節関係）」に定める基準を準用するものとする。

一　制動灯は、昼間にその後方100mの距離から点灯を確認できるものであり、かつ、その照明光線は、他の交通を妨げないものであること。この場合において、その光源が15W以上60W以下で照明部の大きさが20cm2以上であり、かつ、その機能が正常である制動灯は、この基準に適合するものとする。

二　尾灯と兼用の制動灯は、同時に点灯したときの光度が尾灯のみを点灯したときの光度の5倍以上となる構造であること。

三　制動灯の灯光の色は、赤色であること。

四　制動灯の照明部は、制動灯の中心を通り原動機付自転車の進行方向に直行する水平線を含む、水平面より上方15°の平面及び下方15°の平面並びに制動灯の中心を含む、原動機付自転車の進行方向に平行な鉛直面より制動灯の内側方向45°の平面及び制動灯の外側方向45°の平面により囲まれる範囲において全ての位置から見通すことができるものであること。

ただし、原動機付自転車の後面の中心に備えるものにあっては、制動灯の中心を通り原動機付自転車の進行方向に直交する水平線を含む、水平面より上方15°の平面及び下方15°の平面並びに制動灯の中心を含む、原動機付自転車の進行方向に平行な鉛直面から左右にそれぞれ45°の平面により囲まれる範囲において全ての位置から見通すことができるものとする。

五　制動灯は、灯器が損傷し、又はレンズ面が著しく汚損しているものでないこと。

2　制動灯の取付位置、取付方法等に関し、保安基準第62条の4第3項の告示で定める基準は、次に掲げる基準とする。この場合において、制動灯の照明部、個数及び取付位置の測定方法は、別添 94「灯火等の照明部、個数、取付位置等の測定方法（第 2 章第 2 節及び同章第 3 節関係）」に定める基準を準用するものとする。

一　制動灯は、主制動装置（原動機付自転車と付随車とを連結した場合においては、当該原動機付自転車又は付随車の主制動装置をいう。）又は補助制動装置（リターダ、排気ブレーキその他主制動装置を補助し、走行中の原動機付自転車又は付随車を減速するための装置をいう。）操作している場合のみ点灯する構造であること。

ただし、空車状態の原動機付自転車について乾燥した平たんな舗装路面において、80km/h(最高速度が 80km/h 未満の原動機付自転車にあっては、その最高速度）から減速した場合の減速能力が 2.2m/s2 以下である補助制動装置にあっては、操作中に制動灯が点灯しない構造とすることができる。

二　制動灯は、その照明部の中心が地上 2m 以下となるように取り付けられていること。

三　後面の両側に備える制動灯にあっては、最外側にあるものの照明部の最外縁は、原動機付自転車の最外側から 400mm 以内となるように取り付けられていること。

四　後面の両側に備える制動灯は、車両中心面に対して対称の位置に取り付けられたものであること。（後面が左右対称でない原動機付自転車を除く。）。

五　制動灯は、第 1 項に掲げた性能（制動灯の照明部の上縁の高さが地上 0.75m 未満となるように取り付けられている場合にあっては、同項に掲げた性能のうち同項第 4 号の基準中「下方 15°」とあるのは「下方 5°」とする。）を損なわないように取り付けられなければならない。

この場合において、制動灯の灯器の取付部及びレンズ取付部に緩み、がた等があるものは、この基準に適合しないものとする。ただし、原動機付自転車の構造上、同項第 4 号に規定する範囲において、すべての位置から見通すことができるように取り付けることができない場合にあっては、可能な限り見通すことができる位置に取り付けられていること。

3　施行規則第 62 条の 3 第 1 項の規定により型式の認定を受けた原動機付自転

車に備えられている制動灯と同一構造を有し、かつ、同一位置に備えられた制動灯であって、その機能を損なう損傷のないものは、前項各号の基準に適合するものとする。

道路運送車両の保安基準【2003.09.26】第 63 条
（後部反射器）

第 63 条　原動機付自転車の後面には、後部反射器を備えなければならない。

2　後部反射器は、夜間に原動機付自転車の後方にある他の交通に当該原動機付自転車の存在を示すことができるものとして、反射光の色、明るさ、反射部の形状等に関し告示で定める基準に適合するものでなければならない。

3　後部反射器は、その性能を損なわないように、かつ、取付位置、取付方法等に関し告示で定める基準に適合するように取り付けられなければならない。

道路運送車両の保安基準の細目を定める告示【2005.08.16】〈第二節〉第 264 条
（後部反射器）

第 264 条　後部反射器の反射光の色、明るさ、反射部の形状等に関し、保安基準第 63 条第 2 項の告示で定める基準は、次に掲げる基準とする。この場合において、後部反射器の反射部の取扱いは、別添 94「灯火等の照明部、個数、取付位置等の測定方法（第 2 章第 2 節及び同章第 3 節関係）」に定める基準を準用するものとする。

一　後部反射器（付随車に備えるものを除く。）の反射部は、文字及び三角形以外の形であること。この場合において、O、I、U 又は 8 といった単純な形の文字又は数字に類似した形状は、この基準に適合するものとする。

二　付随車に備える後部反射器の反射部は、正立正三角形で一辺が 50mm 以上のもの又は中空の正立正三角形で、帯状部の幅が 25mm 以上のものであること。

三　後部反射器は、夜間にその後方 100m の距離から走行用前照灯で照射した場合にその反射光を照射位置から確認できるものであること。

四　後部反射器による反射光の色は、赤色であること。

五　後部反射器は、反射部が損傷し、又は反射面が著しく汚損しているものでないこと。

2　後部反射器の取付位置、取付方法等に関し、保安基準第 63 条第 3 項の告示で定める基準は、次に掲げる基準とする。この場合において、後部反射器の反射部、個数及び取付位置の測定方法は、別添 94「灯火等の照明部、個数、取付位置等の測定方法（第 2 章第 2 節及び同章第 3 節関係）」に定める基準を準用するものとする。

一　後部反射器は、その反射部の中心が地上 1.5m 以下となるように取り付けられていること。

二　最外側にある後部反射器の反射部は、その最外縁が原動機付自転車の最外側から 400mm 以内となるように取り付けられていること。ただし、二輪を有する原動機付自転車にあってはその中心が車両中心面上、側車付の原動機付自転車に備えるものにあってはその中心が二輪を有する原動機付自転車部分の中心面上となるように取り付けられていればよい。

三　後部反射器は、第 1 項に掲げる性能を損なわないように取り付けられなければならない。この場合において、後部反射器の取付部及びレンズ取付部に緩み、がた等があるものは、この基準に適合しないものとする。

3　施行規則第 62 条の 3 第 1 項の規定により型式の認定を受けた原動機付自転車に備えられている後部反射器と同一構造を有し、かつ、同一位置に備えられた後部反射器であって、その機能を損なう損傷のないものは、前項各号の基準に適合するものとする。

道路運送車両の保安基準【2017.02.09】第 63 条の 2
（方向指示器）

第 63 条の 2　原動機付自転車には、方向指示器を備えなければならない。

2　方向指示器は、原動機付自転車が右左折又は進路の変更をすることを他の交通に示すことができ、かつ、その照射光線が他の交通を妨げないものとして、灯光の色、明るさ等に関し告示で定める基準に適合するものでなければならない。

3　方向指示器は、その性能を損なわないように、かつ、取付位置、取付方法等に関し告示で定める基準に適合するように取り付けられなければならない。
4　方向指示器を緊急制動表示灯として使用する場合にあっては、その間、当該方向指示器については前 2 項の基準は適用しない。

道路運送車両の保安基準の細目を定める告示【2015.06.15】〈第二節〉第 265 条
（方向指示器）

第 265 条　方向指示器の灯光の色、明るさ等に関し、保安基準第 63 条の 2 第 2 項の告示で定める基準は、次の各号に掲げる基準とする。この場合において、方向指示器の照明部の取扱いは、別添 94「灯火等の照明部、個数、取付位置等の測定方法（第 2 章第 2 節及び同章第 3 節関係）」に定める基準を準用するものとする。
一　車両中心線上の前方及び後方 30m の距離から指示部を見通すことができる位置の前面及び後面に少なくとも左右 1 個ずつ取り付けられていること。
二　方向指示器は、方向の指示を表示する方向 100m の距離から昼間において点灯を確認できるものであり、かつ、その照射光線は、他の交通を妨げないものであること。この場合において、方向の指示を前方又は後方に表示するための方向指示器の各指示部の車両中心面に直行する鉛直面への投影面積が 7cm2 以上であり、かつ、その機能が正常である方向指示器は、この基準に適合するものとする。
三　方向指示器の灯光の色は、橙色であること。
四　方向指示器の照明部は、方向指示器の中心を通り原動機付自転車の進行方向に直交する水平線を含む、水平面より上方 15° の平面及び下方 15°（方向指示器の照明部の上縁の高さが地上 0.75m 未満となるように取り付けられている場合にあっては、下方 5°）の平面並びに方向指示器の中心を含む、原動機付自転車の進行方向に平行な鉛直面であって方向指示器の中心より内側方向 20° の平面及び方向指示器の外側方向 80° の平面により囲まれる範囲において全ての位置から見通すことができるものであること。
2　方向指示器の取付位置、取付方法等に関し、保安基準第 63 条の 2 第 3 項の告示で定める基準は、次に掲げる基準とする。この場合において、方向指示器の照明部、個数及び取付位置の測定方法は、別添 94「灯火等の照明部、個数、取付位置等の測定方法（第 2 章第 2 節及び同章第 3 節関係）」に定める基準を準用するものとする。

一　方向指示器は、毎分 60 回以上 120 回の一定の周期で点滅するものであること。

二　方向指示器は、車両中心線を含む鉛直面に対して対称の位置（方向指示器を取り付ける後写鏡等の部位が左右非対称の場合にあっては、車両中心線を含む鉛直面に対して可能な限り対称の位置）に取り付けられたものであること。ただし、車体の形状自体が左右対称でない原動機付自転車に備える方向指示器にあっては、この限りでない。

三　原動機付自転車に備える方向指示器は、前方に対して方向の指示を表示するためのものにあっては、その照明部の最内縁において 240mm 以上、後方に対して指示を表示するためのものにあっては、その照明部の中心において 150mm 以上の間隔を有するものであり、かつ、前照灯が 2 個備えられている場合の前方に対して方向の指示を表示するためのものの位置は、方向指示器の照明部の最外縁が最外側の前照灯の照明部の最外縁より外側にあること。

四　方向指示器の指示部の中心は、地上 2.3m 以下となるように取り付けられていること。

五　運転者が運転席において直接、かつ、容易に方向指示器（原動機付自転車の両側面に備えるものを除く。）の作動状態を確認できない場合は、その作動状態を運転者に表示する装置を備えること。

六　方向指示器は、第 1 項に掲げた性能を損なわないように取り付けられなければならない。この場合において、方向指示器の灯器の取付部及びレンズ取付部に緩み、がた等があるものは、この基準に適合しないものとする。ただし、原動機付自転車の構造上、同項第 4 号に規定する範囲において、全ての位置から見通すことができるように取り付けることができない場合にあっては、可能な限り見通すことができる位置に取り付けられていること。

3　施行規則第 62 条の 3 第 1 項の規定により型式の認定を受けた原動機付自転

車に備えられている方向指示器と同一構造を有し、かつ、同一位置に備えられた方向指示器であって、その機能を損なう損傷のないものは、前項各号の基準に適合するものとする。

道路運送車両の保安基準【2017.02.09】第 63 条の 3（緊急制動表示灯）

第 63 条の 3　原動機付自転車には、緊急制動表示灯を備えることができる。
2　緊急制動表示灯として使用する灯火装置は、制動灯又は方向指示器とする。
3　緊急制動表示灯は、原動機付自転車の後方にある他の交通に当該原動機付自転車が急激に減速していることを示すことができ、かつ、その照射光線が他の交通を妨げないものとして、灯光の色、明るさ等に関し告示で定める基準に適合するものでなければならない。
4　緊急制動表示灯は、その性能を損なわないように、かつ、取付位置、取付方法等に関し告示で定める基準に適合するように取り付けられなければならない。

道路運送車両の保安基準の細目を定める告示【2020.01.31】〈第 2 節〉第 265 条の 2（緊急制動表示灯）

第 265 条の 2　緊急制動表示灯の灯光の色、明るさ等に関し、保安基準第 63 条の 3 第 3 項の告示で定める基準は、制動灯を緊急制動表示灯として使用する場合にあっては第 263 条第 1 項の規定を、方向指示器を緊急制動表示灯として使用する場合にあっては前条第 1 項の規定を準用する。
2　緊急制動表示灯の取付位置、取付方法等に関し、保安基準第 63 条の 3 第 4 項の告示で定める基準は、次に掲げる基準とする。この場合において、緊急制動表示灯の照明部、個数及び取付位置の測定方法は、別添 94「灯火等の照明部、個数、取付位置等の測定方法（第 2 章第 2 節及び同章第 3 節関係）」に定める基準を準用するものとする。
一　すべての制動灯又はすべての方向指示器を使用するものであること。
二　制動灯を緊急制動表示灯として使用する場合にあっては、第 263 条第 2 項第2号から第5号までに定める基準を準用し、方向指示器を緊急制動表示灯として使用する場合にあっては、第265条第2項第2号から第4号まで及び第6号に定める基準を準用する。

三　毎分180回以上300回以下の一定の周期で点滅するものであること。ただし、フィラメント光源を用いる場合にあっては、毎分180回以上240回以下の一定の周期で点滅するものであること。

四　他の灯火装置と独立して作動するものであること。

五　自動的に作動し、及び自動的に作動を停止するものであること。

六　緊急制動表示灯は、自動車が50km/hを超える速度で走行中であり、かつ、制動装置による次に掲げる要件に適合する緊急制動信号の入力がある場合にのみ作動するものであること。

イ　二輪及び三輪以外の原動機付自転車にあっては、協定規則第13号の技術的な要件（同規則第11改訂版補足第16改訂版の規則5.2.1.31.に限る。）又は協定規則第13H号の技術的な要件（同規則改訂版補足改訂版の規則5.2.23.に限る。）

ロ　二輪及び三輪の原動機付自転車にあっては、協定規則第78号の技術的な要件（同規則第4改訂版補足改訂版の規則5.1.15.に限る。）

七　緊急制動表示灯は、次に掲げる要件に適合する緊急制動信号の制動装置による入力が停止した場合及び非常点滅表示灯が作動した場合に、その作動を自動的に停止するものであること。

イ　二輪及び三輪の原動機付自転車以外の原動機付自転車にあっては、協定規則第13号の技術的な要件（同規則第11改訂版補足第16改訂版の規則5.2.1.31.に限る。）又は協定規則第13H号の技術的な要件（同規則改訂版補足改訂版の規則5.2.23.に限る。）

ロ　二輪及び三輪の原動機付自転車にあっては、協定規則第78号の技術的な要件（同規則第4改訂版補足改訂版の規則5.1.15.に限る。）

3　施行規則第62条の3第1項の規定により型式の認定を受けた原動機付自転車に備えられている緊急制動表示灯と同一構造を有し、かつ、同一位置に備えられた緊急制動表示灯であって、その機能を損なう損傷のないものは、前項各号の基準に適合するものとする。

道路運送車両の保安基準【2003.09.26】第 64 条
（警音器）

第64条　原動機付自転車（付随車を除く。）には、警音器を備えなければならない。

2　警音器の警報音発生装置は、次項に定める警音器の性能を確保できるものとして、音色、音量等に関し告示で定める基準に適合するものでなければならない。

3　警音器は、警報音を発生することにより他の交通に警告することができ、かつ、その警報音が他の交通を妨げないものとして、音色、音量等に関し告示で定める基準に適合するものでなければならない。

4　原動機付自転車には、車外に音を発する装置であって警音器と紛らわしいものを備えてはならない。ただし、歩行者の通行その他の交通の危険を防止するため原動機付自転車が右左折、進路の変更若しくは後退するときにその旨を歩行者等に警報するブザその他の装置又は盗難、車内における事故その他の緊急事態が発生した旨を通報するブザその他の装置については、この限りでない。

道路運送車両の保安基準の細目を定める告示【2016.01.20】〈第二節〉第 266 条
（警音器）

第 266 条　警音器の警報音発生装置の音色、音量等に関し、保安基準第 64 条第 2 項の告示で定める基準は、警音器の警報音発生装置の音が、連続するものであり、かつ、音の大きさ及び音色が一定なものであることとする。この場合において、次に掲げる警音器の警報音発生装置は、この基準に適合しないものとする。

一　音が自動的に断続するもの

二　音の大きさ又は音色が自動的に変化するもの

三　運転者が運転者席において、音の大きさ又は音色を容易に変化させることができるもの

2　警音器の音色、音量等に関し、保安基準第 64 条第 3 項の告示で定める基準

は、次の各号に掲げる基準とする。

一　警音器の音の大きさ（2 以上の警音器が連動して音を発する場合は、その和）は、原動機付自転車の前方 7m の位置において 112dB 以下 87dB 以上（動力が 7kW 以下の二輪の原動機付自転車に備える警音器にあっては、112dB 以下 83dB 以上）であること。

二　警音器は、サイレン又は鐘でないこと。

3　音の大きさが前項第 1 号に規定する範囲内にないおそれがあるときは、音量計を用いて次の各号により計測するものとする。

一　音量計は、使用開始前に十分暖機し、暖機後に較正を行う。

二　マイクロホンは、車両中心線上の原動機付自転車の前端から 7m の位置の地上 0.5m から 1.5m の高さにおける音の大きさが最大となる高さにおいて車両中心線に平行かつ水平に原動機付自転車に向けて設置する。

三　聴感補正回路は A 特性とする。

四　次に掲げるいずれかの方法により試験電圧を供給するものとする。

イ　原動機を停止させた状態で、当該自動車のバッテリから供給する方法

ロ　原動機を暖機し、かつ、アイドリング運転している状態で、当該自動車のバッテリから供給する方法

ハ　警音器の警報音発生装置の電源端子に接続された外部電源から、別添 74「警音器の警報音発生装置の技術基準」3.2.3. の規定による試験電圧を供給する方法

五　計測場所は、概ね平坦で、周囲からの反射音による影響を受けない場所とする。

六　計測値の取扱いは、次のとおりとする。

イ　計測は 2 回行い、1dB 未満は切り捨てるものとする。

ロ　2 回の計測値の差が 2dB を超える場合には、計測値を無効とする。ただし、いずれの計測値も前項第 1 号に規定する範囲内にない場合には有効とする。

ハ　2 回の計測値（ニにより補正した場合には、補正後の値）の平均を音の大きさとする。

ニ　計測の対象とする音の大きさと暗騒音の計測値の差が 3dB 以上 10dB 未満

の場合には、計測値から**表 A2-3** の補正値を控除するものとし、3dB 未満の場合には計測値を無効とする。

表 A2-3

（単位：dB）

計測の対象とする音の大きさと暗騒音の計測値の差	3	4	5	6	7	8	9
補正値	3	2		1			

4　前項の規定にかかわらず、平成 15 年 12 月 31 日以前に製作された原動機付自転車にあっては、次により計測できるものとする。

一　音量計は、使用開始前に十分暖機し、暖機後に較正を行う。

二　マイクロホンは、車両中心線上の原動機付自転車の前端から 2m の位置の地上 1m の高さにおいて車両中心線に平行かつ水平に原動機付自転車に向けて設置する。

三　聴感補正回路は C 特性とする。

四　原動機は、停止した状態とする。

五　計測場所は、概ね平坦で、周囲からの反射音による影響を受けない場所とする。

六　計測値の取扱いは、前項第 6 号の規定を準用する。

道路運送車両の保安基準【2016.06.18】第 64 条の 2（後写鏡）

第 64 条の 2　原動機付自転車（付随車を除く。）には、後写鏡を備えなければならない。

2　原動機付自転車（ハンドルバー方式のかじ取装置を備える原動機付自転車であって車室を有しないものを除く。）に備える後写鏡は、運転者が運転者席において原動機付自転車の後方の交通状況を確認でき、かつ、乗車人員、歩行者等に傷害を与えるおそれの少ないものとして、当該後写鏡による運転者の視野、乗車人員、歩行者等の保護に係る性能等に関し告示で定める基準に適合するものでなければならない。

3　ハンドルバー方式のかじ取装置を備える原動機付自転車であって車室を有し

ないものに備える後写鏡は、運転者が後方の交通状況を確認でき、かつ、歩行者等に傷害を与えるおそれの少ないものとして、当該後写鏡による運転者の視野、歩行者等の保護に係る性能等に関し告示で定める基準に適合するものでなければならない。

4　前 2 項の後写鏡は、それぞれ、これらの規定に掲げる性能を損なわないように、かつ、取付位置、取付方法等に関し告示で定める基準に適合するように取り付けられなければならない。

道路運送車両の保安基準の細目を定める告示【2016.06.18】〈第二節〉第 267 条
（後写鏡）

第 267 条　原動機付自転車（ハンドルバー方式のかじ取装置を備える二輪の原動機付自転車及び三輪の原動機付自転車であって車室（運転者が運転者席において原動機付自転車の外側線付近の交通状況を確認できるものを除く。以下、本条において同じ。）を有しないものを除く。）に備える後写鏡の当該後写鏡による運転者の視野、乗車人員、歩行者等の保護に係る性能等に関し、保安基準第 64 条の 2 第 2 項の告示で定める基準は、次の各号に掲げる基準とする。

ただし、二輪の原動機付自転車及び最高速度 20km/h 未満の原動機付自転車に備えるものについては第 2 号及び第 3 号の規定は、適用しない。

一　容易に方向の調節をすることができ、かつ、一定の方向を保持できる構造であること。

二　取付部附近の原動機付自転車の最外側より突出している部分の最下部が地上 1.8m 以下のものは、当該部分が歩行者等に接触した場合に衝撃を緩衝できる構造であること。

三　車室内に備えるものは、別添 80「車室内後写鏡の衝撃緩和の技術基準」に定める基準を準用する。

2　ハンドルバー方式のかじ取装置を備える原動機付自転車であって車室を有しないものに備える後写鏡による運転者の視野、歩行者等の保護に係る性能等に関し保安基準第 64 条の 2 第 3 項の告示で定める基準は、次の各号に掲げる基準とする。

一　容易に方向を調整することができ、かつ、一定方向の保持をできる構造であること。

二　歩行者等に接触した場合において、衝撃を緩衝できる構造であり、かつ、歩行者等に傷害を与えるおそれのあるものでないこと。

三　運転者が後方の交通状況を明瞭かつ容易に確認できる構造であること。

3　次に掲げる後写鏡は、前項第 3 号の基準に適合しないものとする。ただし、平成 18 年 12 月 31 日以前に製作された原動機付自転車に備える後写鏡にあっては、第 2 号から第 4 号までの規定によらないことができる。

一　鏡面に著しいひずみ、くもり又はひび割れがあるもの

二　鏡面の面積が 69cm2 未満であるもの

三　その形状が円形の鏡面にあっては、鏡面の直径が 94mm 未満である、又は 150mm を超えるもの

四　その形状が円形以外の鏡面にあっては、当該鏡面が直径 78mm の円を内包しないもの、又は当該鏡面が縦 120mm、横 200mm（又は横 120mm、縦 200mm）の長方形により内包されないもの

4　次の各号に掲げる原動機付自転車の後写鏡の取付位置、取付方法等に関し、保安基準第 64 条の 2 第 4 項の告示で定める基準は、次の各号に掲げる基準とする。

一　第 1 項の後写鏡にあっては、次に掲げる基準とする。

イ　走行中の振動により著しくその機能を損なわないよう取り付けられたものであること。

ロ　運転者が運転者席において、原動機付自転車（付随車を牽引する場合は、付随車）の左右の外側線上後方 50m までの間にある車両の交通状況及び原動機付自転車（牽引する原動機付自転車より幅の広い付随車を牽引する場合は、牽引する原動機付自転車及び付随車）の左外側線付近（運転者が運転者席において確認できる部分を除く。）の交通状況を確認できるものであること。

ただし、二輪の原動機付自転車にあっては原動機付自転車の左右の外側線上後方 50m までの間にある車両の交通状況を確認できるものであればよい。この場合

において、取付けが不確実な後写鏡及び鏡面に著しいひずみ、くもり又はひび割れのある後写鏡は、この基準に適合しないものとする。

二　第 2 項の後写鏡にあっては、次に掲げる基準とする。

イ　後写鏡の反射面の中心が、かじ取り装置の中心を通り進行方向に平行な鉛直面からの 280mm 以上外側となるように取り付けられていること。この場合において、取付けが不確実な後写鏡は、この基準に適合しないものとする。

ロ　運転者が運転者席において、容易に方向を調整することができるように取り付けられていること。

ハ　原動機付自転車の左右両側（最高速度 50km/h 以下の原動機付自転車にあっては、原動機付自転車の左右両側又は右側）に取り付けられていること。

5　施行規則第 62 条の 3 第 1 項の規定により型式の認定を受けた原動機付自転車に備える後写鏡であってその機能を損なうおそれのある損傷のないものは、第 2 項各号及び前項各号の基準に適合するものとする。

道路運送車両の保安基準【2003.07.07】第 65 条
（消音器）

第 65 条　原動機付自転車（付随車を除く。以下この条において同じ。）は、騒音を著しく発しないものとして、構造、騒音の大きさ等に関し告示で定める基準に適合するものでなければならない。

2　内燃機関を原動機とする原動機付自転車には、騒音の発生を有効に抑止することができるものとして、構造、騒音防止性能等に関し告示で定める基準に適合する消音器を備えなければならない。

道路運送車両の保安基準の細目を定める告示【2019.10.15】〈第 2 節〉第 268 条
（消音器）

＜省略＞

道路運送車両の保安基準【2003.09.26】第 65 条の 2
（速度計）

第 65 条の 2　原動機付自転車（付随車を除く。）には、運転者が容易に走行時における速度を確認でき、かつ、平坦な舗装路面での走行時において、著しい誤差がないものとして、取付位置、精度等に関し告示で定める基準に適合する速度計を運転者の見やすい箇所に備えなければならない。

道路運送車両の保安基準の細目を定める告示【2003.09.26】〈第二節〉第 269 条
（速度計）

第 269 条速度計の取付位置、精度等に関し、保安基準第 65 条の 2 第 1 項の告示で定める基準は、次の各号に掲げる基準とする。

一　運転者が容易に走行時における速度を確認できるものであること。この場合において、次に掲げるものは、この基準に適合しないものとする。

イ　速度が km/h で表示されないもの

ロ　照明装置を備えたもの、自発光式のもの若しくは文字板及び指示針に自発光塗料を塗ったもののいずれにも該当しないもの又は運転者をげん惑させるおそれのあるもの

ハ　ディジタル式速度計であって、昼間又は夜間のいずれにおいて十分な輝度又はコントラストを有しないもの

ニ　速度計が、運転者席において運転する状態の運転者の直接視界範囲内にないもの

二　速度計の指度は、平坦な舗装路面での走行時において、原動機付自転車の速度を下回らず、かつ、著しい誤差のないものであること。この場合において、次に掲げるものは、この基準に適合しないものとする。

イ　平成 18 年 12 月 31 日までに製作された原動機付自転車にあっては、原動機付自転車の速度計が 40km/h（最高速度が 40km/h 未満の原動機付自転車にあっては、その最高速度）を指示した時の運転者の合図によって速度計試験機を

用いて計測した速度が次に掲げる基準に適合しないもの。

(1) 二輪及び三輪以外の原動機付自転車にあっては、計測した速度が次式に適合するものであること。

10（V1−6)/11≦V2≦（100/90）V1

この場合において、

V1 は、原動機付自転車に備える速度計の指示速度（単位 km/h）

V2 は、速度計試験機を用いて計測した速度（単位 km/h）

(2) 二輪及び三輪の原動機付自転車にあっては、計測した速度が次式に適合するものであること。

10(V1−8)/11≦V2≦(100/90)V1

この場合において、

V1 は、原動機付自転車に備える速度計の指示速度（単位 km/h）

V2 は、速度計試験機を用いて計測した速度（単位 km/h）

ロ　平成 19 年 1 月 1 日以降に製作された原動機付自転車にあっては、イの規定にかかわらず、原動機付自転車の速度計が 40km/h（最高速度が 40km/h 未満の原動機付自転車にあっては、その最高速度）を指示した時の運転者の合図によって速度計試験機を用いて計測した速度が次に掲げる基準に適合しないもの。

(1) 二輪及び三輪以外の原動機付自転車にあっては、計測した速度が次式に適合するものであること。

10(V1−6)／11≦V2≦V1

この場合において、

V1 は、原動機付自転車に備える速度計の指示速度（単位 km/h）

V2 は、速度計試験機を用いて計測した速度（単位 km/h）

(2) 二輪及び三輪の原動機付自転車にあっては、計測した速度が次式に適合するものであること。

10(V1−8)／11≦V2≦V1

この場合において、

V1 は、原動機付自転車に備える速度計の指示速度（単位 km/h）

V2 は、速度計試験機を用いて計測した速度（単位 km/h）

道路運送車両の保安基準【2018.04.27】第 65 条の 3
(かじ取装置)

第 65 条の 3　原動機付自転車（二輪のもの及び付随車を除く。）のかじ取装置は、当該原動機付自転車が衝突等による衝撃を受けた場合において、運転者に傷害を与えるおそれの少ないものとして、運転者の保護に係る性能に関し告示で定める基準に適合するものでなければならない。

道路運送車両の保安基準の細目を定める告示【2018.04.27】〈第 2 節〉第 269 条の 2
(かじ取装置)

第 269 条の 2　かじ取装置（ハンドルバー方式のものを除く。）の運転者の保護に係る性能に関し、保安基準第 65 条の 3 の告示で定める基準は、当該原動機付自転車が衝突等による衝撃を受けた場合において、運転者に過度の衝撃を与えるおそれの少ない構造であることとする。

2　施行規則第 62 条の 3 第 1 項の規定により型式の認定を受けた原動機付自転車に備えられているかじ取装置と同一の構造を有し、かつ、同一の位置に備えられたかじ取装置であって、その機能を損なうおそれのある損傷のないものは、前項の基準に適合するものとする。

道路運送車両の保安基準【2003.09.26】第 66 条
(乗車装置)

第 66 条　原動機付自転車の乗車装置は、乗車人員が動揺、衝撃等により転落又は転倒することなく安全な乗車を確保できるものとして、構造に関し告示で定める基準に適合するものでなければならない。

2　原動機付自転車の運転者以外の者の用に供する座席（またがり式の座席を除く。）は、安全に着席できるものとして、寸法等に関し告示で定める基準に適合するものでなければならない。

道路運送車両の保安基準の細目を定める告示【2003.09.26】〈第二節〉第 270 条
（乗車装置）

第 270 条　原動機付自転車の乗車装置の構造に関し、保安基準第 66 条第 1 項の告示で定める基準は、乗車人員が動揺、衝撃等により転落又は転倒することなく安全な乗車を確保できる構造でなければならないものとする。この場合において、またがり式の後部座席であって握り手及び足かけを有し、安全な乗車を確保できる構造のものは、この基準に適合するものとする。

2　運転者以外の者の用に供する座席（またがり式の座席を除く。）の寸法等に関し保安基準第 66 条第 2 項の告示で定める基準は、1 人につき、大きさが幅 380mm 以上、奥行 400mm 以上でなければならないものとする。

道路運送車両の保安基準【2018.04.27】第 66 条の 2
（座席ベルト等）

第 66 条の 2　原動機付自転車（二輪のもの及び付随車を除く。）には、当該原動機付自転車が衝突等による衝撃を受けた場合において、運転者が、座席の前方に移動することを防止し、かつ、上半身を過度に前傾することを防止するため、座席ベルト及び当該座席ベルトの取付装置を備えなければならない。ただし、座席がまたがり式であるものにあっては、この限りでない。

2　前項の座席ベルトの取付装置は、座席ベルトから受ける荷重等に十分耐え、かつ、取り付けられる座席ベルトが有効に作用し、かつ、乗降の支障とならないものとして、強度、取付位置等に関し告示で定める基準に適合するものでなければならない。

3　第 1 項の座席ベルトは、当該原動機付自転車が衝突等による衝撃を受けた場合において、当該座席ベルトを装着した者に傷害を与えるおそれが少なく、かつ、容易に操作等を行うことができるものとして、構造、操作性能等に関し告示で定める基準に適合するものでなければならない。

道路運送車両の保安基準の細目を定める告示【2018.07.19】〈第 2 節〉第 270 条の 2
（座席ベルト等）

第 270 条の 2　座席ベルトの取付装置の強度、取付位置等に関し、保安基準第 66 条の 2 第 2 項の告示で定める基準は、次の各号に掲げる基準とする。

一　当該原動機付自転車の衝突等によって座席ベルトから受ける荷重に十分耐えるものであること。

二　振動、衝撃等によりゆるみ、変形等を生じないようになっていること。

三　取り付けられる座席ベルトが有効に作用する位置に備えられたものであること。

四　乗降に際し損傷を受けるおそれがなく、かつ、乗降の支障とならない位置に備えられたものであること。

五　座席ベルトを容易に取り付けることができる構造であること。

2　座席ベルトの構造、操作性能等に関し、保安基準第 66 条の 2 第 3 項の告示で定める基準は、次の各号に掲げる基準とする。

一　当該原動機付自転車が衝突等による衝撃を受けた場合において、当該座席ベルトを装着した者に傷害を与えるおそれの少ない構造のものであること。

二　当該原動機付自転車が衝突等による衝撃を受けた場合において、当該座席ベルトを装着した者が、座席の前方に移動しないようにすることができ、かつ、上半身を過度に前傾しないようにすることができるものであること。

三　容易に、着脱することができ、かつ、長さを調整することができるものであること。

四通常の運行において当該座席ベルトを装着した者がその腰部及び上半身を容易に動かし得る構造のものであること。

3　次に掲げる座席ベルトであって装着者に傷害を与えるおそれのある損傷、擦過痕等のないものは、前項に定める基準に適合するものとする。

一　施行規則第 62 条の 3 第 1 項の規定により型式の認定を受けた原動機付自転車に備えられた座席ベルトと同一の構造を有し、かつ、同一の位置に備えられ

た座席ベルト

二　法第 75 条の 2 第 1 項の規定に基づき型式の指定を受けた特定共通構造部に備えられている座席ベルト又はこれに準ずる性能を有する座席ベルト

三　法第 75 条の 3 第 1 項の規定に基づく装置の指定を受けた座席ベルト又はこれに準ずる性能を有する座席ベルト

四　JISD4604「自動車用シートベルト」の規格に適合する座席ベルトであって的確に備えられたもの

道路運送車両の保安基準【2018.04.27】第 66 条の 3（頭部後傾抑止装置等）

第 66 条の 3　原動機付自転車（二輪のもの及び付随車を除く。）の座席（またがり式の座席を除く。）には、他の自動車の追突等による衝撃を受けた場合において、運転者の頭部の過度の後傾を有効に抑止し、かつ、運転者の頭部等に傷害を与えるおそれの少ないものとして、構造等に関し告示で定める基準に適合する頭部後傾抑止装置を備えなければならない。ただし、当該座席自体が当該装置と同等の性能を有するものであるときは、この限りでない。

道路運送車両の保安基準の細目を定める告示【2018.07.19】〈第 2 節〉第 270 条の 3（頭部後傾抑止装置）

第 270 条の 3　追突等による衝撃を受けた場合における当該座席の運転者の頭部の保護等に係る頭部後傾抑止装置の性能に関し、保安基準第 66 条の 3 の告示で定める基準は、次の各号に掲げる基準とする。

一　他の自動車の追突等による衝撃を受けた場合において、当該原動機付自転車の運転者の頭部の過度の後傾を有効に抑止することのできるものであること。

二　運転者の頭部等に傷害を与えるおそれのない構造のものであること。

三　振動、衝撃等により脱落することのないように備えられたものであること。

2　次に掲げる頭部後傾抑止装置であって、運転者の頭部等に傷害を与えるおそれのある損傷のないものは、前項各号に掲げる基準に適合するものとする。

一　施行規則第 62 条の 3 第 1 項の規定により型式の認定を受けた原動機付自転車に備えられた頭部後傾抑止装置と同一の構造を有し、かつ、同一の位置に備えられた頭部後傾抑止装置

二　法第 75 条の 2 第 1 項の規定に基づき型式の指定を受けた特定共通構造部に備えられている頭部後傾抑止装置

三　法第 75 条の 3 第 1 項の規定に基づく装置の指定を受けた頭部後傾抑止装置

四　JISD4606「自動車乗員用ヘッドレストレイント」又はこれと同程度以上の規格に適合した頭部後傾抑止装置であって、的確に備えられたもの

道路運送車両の保安基準【2020.04.01】第 17 条の 2（電気装置）

第 17 条の 2　自動車の電気装置は、火花による乗車人員への傷害等を生ずるおそれがなく、かつ、その発する電波が無線設備の機能に継続的かつ重大な障害を与えるおそれのないものとして、取付位置、取付方法、性能等に関し告示で定める基準に適合するものでなければならない。

2　自動車（大型特殊自動車及び小型特殊自動車を除く。）の電気装置は、電波による影響により当該装置を備える自動車の制御に重大な障害を生ずるおそれのないものとして、性能に関し告示で定める基準に適合するものでなければならない。

3　自動車（二輪自動車、側車付二輪自動車、三輪自動車、カタピラ及びそりを有する軽自動車、大型特殊自動車、小型特殊自動車並びに被牽引自動車を除く。）の電気装置は、サイバーセキュリティ（サイバーセキュリティ基本法（平成 26 年法律第 104 号）第 2 条に規定するサイバーセキュリティをいう。）を確保できるものとして、性能に関し告示で定める基準に適合するものでなければならない。

4　自動車（二輪自動車、側車付二輪自動車、三輪自動車、カタピラ及びそりを有する軽自動車、大型特殊自動車、小型特殊自動車並びに被牽引自動車を除く。）の電気装置は、当該装置に組み込まれたプログラム等を確実に改変できものとして、機能及び性能に関し告示で定める基準に適合するものでなければならない。

5　電力により作動する原動機を有する自動車（カタピラ及びそりを有する軽自動車、大型特殊自動車、小型特殊自動車並びに被牽引自動車を除く。）の電気装置は、高電圧による乗車人員への傷害等を生ずるおそれがないものとして、乗車人員の保護に係る性能及び構造に関し告示で定める基準に適合するものでなければならない。

6　電力により作動する原動機を有する自動車（二輪自動車、側車付二輪自動車、三輪自動車、カタピラ及びそりを有する軽自動車、大型特殊自動車、小型特殊自動車並びに被牽引自動車を除く。）の電気装置は、当該自動車が衝突、他の自動車の追突等による衝撃を受けた場合において、高電圧による乗車人員への傷害等を生ずるおそれが少ないものとして、乗車人員の保護に係る性能及び構造に関し告示で定める基準に適合するものでなければならない。

道路運送車両の保安基準の細目を定める告示【2020.04.01】〈第 2 節〉第 99 条
（電気装置）

第 99 条　電気装置の取付位置、取付方法、性能等に関し保安基準第 17 条の 2 第 1 項の告示で定める基準は、大型特殊自動車及び小型特殊自動車以外の自動車にあっては協定規則第 10 号の技術的な要件（同規則第 6 改訂版の規則 9.3. に限る。以下この条において同じ。）に定める基準及び次の各号に掲げる基準とし、大型特殊自動車及び小型特殊自動車にあっては次の各号に掲げる基準とする。

一　車室内及びガス容器が取り付けられているトランク等の仕切られた部分の内部（以下「車室内等」という。）の電気配線は、被覆され、かつ、車体に定着されていること。

二　車室内等の電気端子、電気開閉器その他火花を生ずるおそれのある電気装置は、乗車人員及び積載物品によって損傷、短絡等を生じないように、かつ、電気火花等によって乗車人員及び積載物品に危害を与えないように適当におおわれていること。この場合において、計器板裏面又は座席下部の密閉された箇所等に設置されている電気端子及び電気開閉器は、適当におおわれているものとする。

三　蓄電池は、自動車の振動、衝撃等により移動し、又は損傷することがないようになっていること。この場合において、車室内等の蓄電池は、木箱その他適当な絶縁物等によりおおわれている（蓄電池端子の部分（蓄電池箱の上側）が適当な絶縁物で完全におおわれていることをいい、蓄電池箱の横側あるいは下側は、絶縁物でおおわれていないものであってもよい。）ものとする。

四　電気装置の発する電波が、無線設備の機能に継続的かつ重大な障害を与えるおそれのないものであること。この場合において、自動車雑音防止用の高圧抵抗電線、外付抵抗器等を備え付けていない等電波障害防止のための措置をしていないものは、この基準に適合しないものとする。

2　保安基準第 17 条の 2 第 2 項の告示で定める基準は、協定規則第 10 号の技術的な要件に定める基準とする。

3　保安基準第 17 条の 2 第 3 項の告示で定める基準は、別添 120「サイバーセキュリティシステムの技術基準」に定める基準とする。

4　次に掲げる電気装置であってその機能を損なうおそれのある損傷のないものは、前項の基準に適合するものとする。

一　指定自動車等に備えられたものと同一の構造を有し、かつ、同一の位置に備えられた電気装置

二　法第 75 条の 2 第 1 項の規定に基づき型式の指定を受けた特定共通構造部に備えられているサイバーセキュリティシステムと同一の構造を有し、かつ、同一の位置に備えられているサイバーセキュリティシステム又はこれに準ずる性能を有する電気装置

三　法第 75 条の 3 第 1 項の規定に基づきサイバーセキュリティシステムの指定を受けた自動車に備えるものと同一の構造を有し、かつ、同一の位置に備えられたサイバーセキュリティシステム又はこれに準ずる性能を有する電気装置

5　保安基準第 17 条の 2 第 4 項の告示で定める基準は、別添 121「プログラム等改変システムの技術基準」に定める基準とする。

6　次に掲げる電気装置であってその機能を損なうおそれのある損傷のないものは、前項の基準に適合するものとする。

一　指定自動車等に備えられたものと同一の構造を有し、かつ、同一の位置に備えられた電気装置

二　法第 75 条の 2 第 1 項の規定に基づき型式の指定を受けた特定共通構造部に備えられているプログラム等改変システムと同一の構造を有し、かつ、同一の位置に備えられているプログラム等改変システム又はこれに準ずる性能を有する電気装置

三　法第 75 条の 3 第 1 項の規定に基づきプログラム等改変システムの指定を受けた自動車に備えるものと同一の構造を有し、かつ、同一の位置に備えられたプログラム等改変システム又はこれに準ずる性能を有する電気装置

7　保安基準第 17 条の 2 第 5 項の告示で定める基準は、次の各号に掲げる基準とする。

一　自動車（二輪自動車、側車付二輪自動車及び三輪自動車を除く。以下この号において同じ。）に備える電気装置にあっては、次に掲げる基準とする。ただし、国土交通大臣が定める自動車に備えるものにあっては、次号に定める基準に適合するものであればよい。

イ　作動電圧が直流 60V を超え 1,500V 以下又は交流 30V（実効値）を超え 1,000V（実効値）以下の部分を有する動力系（原動機用蓄電池、駆動用電動機の電子制御装置、DC/DC コンバータ等電力を制御又は変換できる装置、駆動用電動機及びそれに付随するワイヤハーネス並びにコネクタ等及び走行に係る補助装置（ヒータ、デフロスタ又はパワ・ステアリング等）を含む電気回路をいう。以下同じ。）の活電部（通常の使用時に通電することを目的とした導電性の部分をいう。以下同じ。）への人体の接触に対する保護のため活電部に取り付けられた固体の絶縁体（活電部へのあらゆる方向からの人体の接触に対して、活電部を覆い保護するために設けられたワイヤハーネスの絶縁被覆、コネクタの活電部を絶縁するためのカバー又は絶縁を目的としたワニス若しくは塗料をいう。以下同じ。）、バリヤ（あらゆる接近方向からの接触に対して、活電部を囲い込み保護するために設けられた部分をいう。以下同じ。）、エンクロージャ（あらゆる方向からの接触に対して、内部の機器を包み込み保護するために設けられた部分をいう。以下同じ。）等は次の（1）及び（2）の要件を満たすものであること。
ただし、作動電圧が直流 60V 又は交流 30V（実効値）以下の部分であって作動電圧が直流 60V 又は交流 30V（実効値）を超える部分から十分に絶縁され、か

つ、電極の正負いずれか片側の極が電気的シャシ（電気的に互いに接続された導電性の部分の集合体であって、その電位が基準とみなされるものをいう。以下同じ。）に直流電気的に接続（トランス等を用いず電気配線を直接接続するものをいう。以下同じ。）されているところはこの限りでない。

また、これらの保護は確実に取り付けられ、堅ろうなものであり、かつ、工具を使用しないで開放、分解又は除去できるものであってはならない。ただし、容易に結合を分離できないロック機構付きコネクタで、自動車の上面（車両総重量5t を超える専ら乗用の用に供する自動車であって乗車定員 10 人以上のもの及びこれに類する形状の自動車に係るものに限る。）及び下面のうち日常的な自動車の使用過程では触れることができない場所に備えられているもの又は動力系の電気回路のコネクタで次の⑴から⑶までの要件を満たすものは工具を使用しないで結合を分離できるものであってもよいものとする。

(1) 客室内及び荷室内からの活電部に対する保護は、いかなる場合においても保護等級 IPXXD（協定規則第 100 号の技術的な要件に規定するものをいう。以下この号において同じ。）を満たすものでなければならない。

ただし、作動電圧が直流 60V 又は交流 30V（実効値）を超える部分を有する動力系からトランス等により直流電気的に絶縁された電気回路に設置されるコンセントの活電部及び工具を使用しないで開放、分解又は除去できるサービス・プラグ（原動機用蓄電池等の点検、整備等を行う場合に電気回路を遮断する装置をいう。以下同じ。）にあっては、開放、分解又は除去した状態において、保護等級 IPXXB（協定規則第 100 号の技術的な要件に規定するものをいう。以下この号において同じ。）を満たすものであればよい。

(2) 客室内及び荷室内以外からの活電部に対する保護は、保護等級 IPXXB を満たすものでなければならない。

(3) コネクタの結合を分離した後 1 秒以内に活電部の電圧が直流 60V 又は交流 30V（実効値）以下となるものであること。

ロ　作動電圧が直流 60V 又は交流 30V（実効値）を超える部分を有する動力系（作動電圧が直流 60V 又は交流 30V（実効値）以下の部分であって、作動電圧が直流 60V 又は交流 30V（実効値）を超える部分から十分に絶縁され、かつ、正負いずれか片側の極が電気的シャシに直流電気的に接続されている部分を除く。）の活電部を保護するバリヤ及びエンクロージャは、協定規則第 100 号の技術的な要件（同よる表示がなされているものであること。ただし、次の（1）又は（2）に掲げるものは規則第 2 改訂版補足第 4 改訂版の規則 5.1.1.5. に限る。）に規定する様式の例にこの限りでない。

（1）バリヤ及びエンクロージャ等であって、工具を使用して他の部品を取り外す又は自動車の上面（車両総重量 5t を超える専ら乗用の用に供する自動車であって乗車定員 10 人以上のもの及びこれに類する形状の自動車に係るものに限る。）及び下面のうち日常的な自動車の使用過程では触れることができない場所に備えられているもの

(2) バリヤ、エンクロージャ又は固体の絶縁体により、二重以上の保護がなされているもの

ハ　高電圧回路に使用する動力系の活電部の配線（エンクロージャ内に設置されている高電圧回路に使用する配線を除く。）は、橙色の被覆を施すことにより、他の電気配線と識別できるものであること。

ニ　活電部と電気的シャシとの間の絶縁抵抗を監視し、絶縁抵抗が作動電圧 1V 当たり 100Ω に低下する前に運転者へ警報する機能を備える自動車にあっては、当該機能が正常に作動しており、かつ、当該機能により警報されていないものであること。

ホ　動力系は、原動機用蓄電池及び当該蓄電池と接続する機器との間の電気回路における短絡故障時の過電流による火災を防止するため、電気回路を遮断するヒューズ、サーキットブレーカ等を備えたものであること。ただし、原動機用蓄電池が短絡故障後に放電を完了するまでの間において、配線及び原動機用蓄電池に火災を生じるおそれがないものにあってはこの限りでない。

ヘ　導電性のバリヤ、エンクロージャ等の露出導電部（通常は通電されないものの絶縁故障時に通電される可能性のある導電性の部分のうち、工具を使用しないで、かつ、容易に触れることができるものをいう。

この場合において、容易に触れることができるかどうかは、原則として保護等級 IPXXB の構造を有するかどうかの確認方法により判断するものとする。以下こ

の号及び第 177 条第 3 項において同じ。）への人体の接触による感電を防止するため導電体のバリヤ、エンクロージャ等の露出導電部は、危険な電位を生じないよう、電線、アース束線等による接続、溶接、ボルト締め等により直流電気的に電気的シャシに確実に接続されているものであること。

ト　充電系連結システム（外部電源に接続して原動機用蓄電池を充電するために主として使用され、かつ、電気回路を開閉する接触器、絶縁トランス等により外部電源に接続している時以外には動力系から直流電気的に絶縁される電気回路をいう。以下同じ。）は、作動電圧が直流 60V 又は交流 30V（実効値）以下の部分を除き、固体の絶縁体、バリヤ、エンクロージャ等によって次の（1）及び（2）の要件を満たすものであること。

なお、これらの保護は確実に取り付けられ、堅ろうなものであり、かつ、工具を使用しないで開放、分解又は除去できるものであってはならない。ただし、容易に結合を分離できないロック機構付きコネクタで、自動車の上面（車両総重量 5t を超える専ら乗用の用に供する自動車であって乗車定員 10 人以上のもの及びこれに類する形状の自動車に係るものに限る。）及び下面のうち日常的な自動車の使用過程では触れることができない場所に備えられているもの又は充電系連結システムの電気回路のコネクタで次の（1）から（3）までの要件を満たすものは工具を使用しないで結合を分離できるものであってもよいものとする。

（1）外部電源と接続していない状態の充電系連結システムの客室内及び荷室内からの保護は、保護等級 IPXXD を満たすものでなければならない。

（2）外部電源と接続していない状態の充電系連結システムの客室内及び荷室内以外からの保護は、保護等級 IPXXB を満たすものでなければならない。ただし、車両側の接続部においては、外部電源との接続を外した直後に、充電系連結システムの活電部の電圧が 1 秒以内に直流 60V 又は交流 30V（実効値）以下となるものについてはこの限りでない。

（3）コネクタの結合を分離した後 1 秒以内に活電部の電圧が直流 60V 又は交流 30V（実効値）以下となるものであること。

チ　接地された外部電源と接続するための装置は、電気的シャシが直流電気的に大地に接続できるものであること。

リ　水素ガスを発生する開放式原動機用蓄電池を収納する場所は、水素ガスが滞留しないように換気扇又は換気ダクト等を備えるとともに、客室内に水素ガスを放出しないものであること。

ヌ　自動車が停車した状態から、変速機の変速位置を変更し、かつ、加速装置の操作若しくは制動装置の解除によって走行が可能な状態にあること又は変速機の変速位置を変更せず、加速装置の操作若しくは制動装置の解除によって走行が可能な状態にあることを運転者に表示する装置を備えたものであること。ただし、内燃機関及び電動機を原動機とする自動車であって内燃機関が作動中はこの限りでない。

ル　原動機用蓄電池は、協定規則第 100 号の技術的な要件（同規則第 2 改訂版補足第 4 改訂版の規則 6.（6.4. を除く。）に限る。）に定める基準に適合するものであること。この場合において、自動車の振動等により移動し又は損傷することがないよう確実に取り付けられている原動機用蓄電池は、協定規則第 100 号の技術的な要件（同規則第 2 改訂版補足第 4 改訂版の規則 6.2.、6.3. 及び 6.10. に限る。）に定める基準に適合するものとみなす。

二　自動車（二輪自動車、側車付二輪自動車及び三輪自動車に限る。以下この号において同じ。）に備える電気装置にあっては、次に掲げる基準とする。

イ　作動電圧が直流 60V を超え 1,500V 以下又は交流 30V（実効値）を超え 1,000V（実効値）以下の部分を有する動力系の活電部への人体の接触に対する保護のため活電部に取り付けられた固体の絶縁体、バリヤ、エンクロージャ等は次の（1）及び（2）の要件を満たすものであること。

ただし、作動電圧が直流 60V 又は交流 30V（実効値）以下の部分であって作動電圧が直流 60V 又は交流 30V（実効値）を超える部分から十分に絶縁され、かつ、電極の正負いずれか片側の極が電気的シャシに直流電気的に接続されているところはこの限りでない。

また、これらの保護は確実に取り付けられ、堅ろうなものであり、かつ、工具を使用しないで開放、分解又は除去できるものであってはならない。ただし、容易に結合を分離できないロック機構付きコネクタで、自動車の下面のうち日常的な自動車の使用過程では触れることができない場所に備えられているもの又は動力系の電気回路のコネクタで次の⑴から⑶の要件を満たすものは工具を使用しないで結合を分離できるものであってもよいものとする。
(1) 活電部に対する保護は、次に掲げるものを除き、いかなる場合においても保護等級 IPXXD（協定規則第 136 号の技術的な要件に規定するものをいう。以下この号において同じ。）を満たすものでなければならない。
ただし、作動電圧が直流 60V 又は交流 30V（実効値）を超える部分を有する動力系からトランス等により直流電気的に絶縁された電気回路に設置されるコンセントの活電部及び工具を使用しないで開放、分解又は除去できるサービス・プラグにあっては、開放、分解又は除去した状態において、保護等級 IPXXB（協定規則第 136 号の技術的な要件に規定するものをいう。以下この号において同じ。）を満たすものであればよい。
(2) 客室又は荷室を有する自動車においては、客室内及び荷室内以外からの活電部に対する保護は、保護等級 IPXXD 又は保護等級 IPXXB を満たすものでなければならない。
(3) コネクタの結合を分離した後 1 秒以内に活電部の電圧が直流 60V 又は交流 30V（実効値）以下となるものであること。
ロ　作動電圧が直流 60V 又は交流 30V（実効値）を超える部分を有する動力系（作動電圧が直流 60V 又は交流 30V（実効値）以下の部分であって、作動電圧が直流 60V 又は交流 30V（実効値）を超える部分から十分に絶縁され、かつ、正負いずれか片側の極が電気的シャシに直流電気的に接続されている部分を除く。）の活電部を保護するバリヤ及びエンクロージャは、協定規則第 100 号の技術的な要件（同規則第 2 改訂版補足第 3 改訂版の規則 5.1.1.5. に限る。）に規定する様式の例による表示がなされているものであること。ただし、次の（1）又は（2）に掲げるものはこの限りでない。
(1) バリヤ及びエンクロージャ等であって、工具を使用して他の部品を取り外す又は自動車の下面のうち日常的な自動車の使用過程では触れることができない場所に備えられているもの
(2) バリヤ、エンクロージャ又は固体の絶縁体により、2 重以上の保護がなされているもの

ハ　高電圧回路に使用する動力系の活電部の配線（エンクロージャ内に設置されている高電圧回路に使用する配線を除く。）は、橙色の被覆を施すことにより、他の電気配線と識別できるものであること

二　活電部と電気的シャシとの間の絶縁抵抗を監視し、絶縁抵抗が作動電圧 1V 当たり 100Ω に低下する前に運転者へ警報する機能を備える自動車にあっては、当該機能が正常に作動しており、かつ、当該機能により警報されていないものであること。

ホ　動力系は、原動機用蓄電池及び当該蓄電池と接続する機器との間の電気回路における短絡故障時の過電流による火災を防止するため、電気回路を遮断するヒューズ、サーキットブレーカ等を備えたものであること。

ただし、原動機用蓄電池が短絡故障後に放電を完了するまでの間において、配線及び原動機用蓄電池に火災を生じるおそれがないものにあってはこの限りでない。

へ　導電性のバリヤ、エンクロージャ等の露出導電部（通常は通電されないものの絶縁故障時に通電される可能性のある導電性の部分のうち、工具を使用しないで、かつ、容易に触れることができるものをいう。

この場合において、容易に触れることができるかどうかは、原則として保護等級 IPXXB の構造を有するかどうかの確認方法により判断するものとする。以下この号において同じ。）への人体の接触による感電を防止するため導電体のバリヤ、エンクロージャ等の露出導電部は、危険な電位を生じないよう、電線、アース束線等による接続、溶接、ボルト締め等により直流電気的に電気的シャシに確実に接続されているものであること。

ト　充電系連結システムは、作動電圧が直流 60V 又は交流 30V（実効値）以下の部分を除き、固体の絶縁体、バリヤ、エンクロージャ等によって次の（1）及び（2）の要件を満たすものであること。

なお、これらの保護は確実に取り付けられ、堅ろうなものであり、かつ、工具を使用しないで開放、分解又は除去できるものであってはならない。ただし、容易に結合を分離できないロック機構付きコネクタで、自動車の下面のうち日常的な自動車の使用過程では触れることができない場所に備えられているもの又は充電系連結システムの電気回路のコネクタで次の（1）から（3）の要件を満たすも

のは工具を使用しないで結合を分離できるものであってもよいものとする。

(1) 外部電源と接続していない状態の充電系連結システムの保護は、次に掲げるものを除き、保護等級 IPXXD を満たすものでなければならない。

(2) 客室又は荷室を有する自動車においては、外部電源と接続していない状態の充電系連結システムの客室内及び荷室内以外からの保護は、保護等級 IPXXD 又は保護等級 IPXXB を満たすものでなければならない。

ただし、車両側の接続部において、外部電源との接続を外した直後に、充電系連結システムの活電部の電圧が 1 秒以内に直流 60V 又は交流 30V（実効値）以下となるものについてはこの限りでない。

(3) コネクタの結合を分離した後 1 秒以内に活電部の電圧が直流 60V 又は交流 30V（実効値）以下となるものであること。

チ　接地された外部電源と接続するための装置は、電気的シャシが直流電気的に大地に接続できるものであること。

ただし、協定規則第 136 号の技術的な要件（同規則の規則 5.1.2.4. に限る。）に適合する場合はこの限りでない。

リ　協定規則第 136 号の技術的な要件（同規則の規則 5.2. 及び 5.3. に限る。）に適合すること。

ヌ　原動機用蓄電池は、協定規則第 136 号の技術的な要件（同規則の規則 6.（6.4.2. 及び 6.5.（客室を有しない自動車に限る。）を除く。）に限る。）に定める基準に適合するものであること。

ただし、自動車の振動等により移動し又は損傷することがないよう確実に取り付けられている原動機用蓄電池は、協定規則第 136 号の技術的な要件（同規則の規則 6.2.、6.3. 及び 6.10. に限る。）に定める基準に適合するものとみなす。

ル　原動機用蓄電池は、協定規則第 136 号の技術的な要件（同規則の規則 6.（6.4.2. 及 .5.（ヌ 原動機用蓄電池は、協定規則第 136 号の技術的な要件（同規則の規則 6.（6.4.2. 及び 6.5.（客室を有しない自動車に限る。）を除く。）に限る。）に定める基準に適合するものであること。

ただし、自動車の振動等により移動し又は損傷することがないよう確実に取り付けられている原動機用蓄電池は、協定規則第 136 号の技術的な要件（同規則の規則 6.2.、6.3. 及び 6.10. に限る。）に定める基準に適合するものとみなす。

8　保安基準第 17 条の 2 第 6 項の告示で定める基準は、協定規則第 100 号の技術的な要件（同規則第 2 改訂版補足第 4 改訂版の規則 6.4. に限る。）に定める基準（原動機用蓄電池を備えた自動車に限る。）及び次の各号に掲げる基準とする。

この場合において、自動車の振動等により移動し又は損傷することがないよう確実に取り付けられている原動機用蓄電池は、協定規則第 100 号の技術的な要件（同規則第 2 改訂版補足第 4 改訂版の規則 6.4.1. に限る。）に定める基準に適合するものとみなす。

一　専ら乗用の用に供する普通自動車又は小型自動車若しくは軽自動車（乗車定員 11 人以上の自動車及び車両総重量が 2.8t を超える自動車を除く。）及び専ら乗用の用に供する乗車定員 10 人未満の自動車（車両総重量が 2.8t を超え 3.5t 未満の自動車に限る。）については、協定規則第 137 号の技術的な要件に定める基準とする。

二　自動車（専ら乗用の用に供する自動車であって乗車定員 10 人以上のもの及び当該自動車の形状に類する自動車並びに車両総重量が 2.5t を超える自動車及び当該自動車の形状に類する自動車を除く。）については、協定規則第 94 号の技術的な要件に定める基準とする。

三　座席の地上面からの高さが 700mm 以下の自動車（専ら乗用の用に供する自動車であって乗車定員 10 人以上のもの及び当該自動車の形状に類する自動車並びに貨物の運送の用に供する自動車であって車両総重量が 3.5t を超えるもの及び当該自動車の形状に類する自動車を除く。）については、協定規則第 95 号の技術的な要件に定める基準とする。

四　専ら乗用の用に供する普通自動車又は小型自動車若しくは軽自動車（乗車定員 11 人以上の自動車及び車両総重量が 2.8t を超える自動車を除く。）については、別添 111「電気自動車、電気式ハイブリッド自動車及び燃料電池自動車の衝突後の高電圧からの乗車人員の保護に関する技術基準」3. に定める基準とする。

五　専ら乗用の用に供する自動車（乗車定員 10 人以上の自動車及び当該自動車

の形状に類する自動車を除く。）及び専ら貨物の運送の用に供する自動車（車両総重量 1.5t 以上の自動車及び当該自動車の形状に類する自動車を除く。）については、協定規則第 12 号の技術的な要件に定める基準とする。
ただし、協定規則第 94 号第 2 改訂版補足改訂版 5.2.8. から 5.2.8.3. までの規定に適合している場合には、協定規則第 12 号の技術的な要件に適合するものとする。
六　第 1 号に規定する自動車以外の自動車については別添 111「電気自動車、電気式ハイブリッド自動車及び燃料電池自動車の衝突後の高電圧からの乗車人員の保護に関する技術基準」5.1. に定める基準とし、第 4 号に規定する自動車以外の自動車については同別添 5.2. に定める基準とする。
七　第 1 号に規定する自動車以外の自動車については別添 111「電気自動車、電気式ハイブリッド自動車及び燃料電池自動車の衝突後の高電圧からの乗車人員の保護に関する技術基準」7.1. に定める基準とし、第三号に規定する自動車以外の自動車については同別添 7.2. に定める基準とする。
9　次の各号に掲げる電気装置であってその機能を損なうおそれのある緩み又は損傷のないものは、それぞれ当該各号の基準に適合するものとする。
一　指定自動車等に備えられた電気装置と同一の構造を有し、かつ、同一の位置に備えられた電気装置 前 2 項の基準
二　法第 75 条の 2 第 1 項の規定に基づき型式の指定を受けた特定共通構造部に備えられている感電防止装置と同一の構造を有し、かつ、同一の位置に備えられている感電防止装置又はこれに準ずる性能を有する感電防止装置 第 7 項第 1 号イからヌまで及び第 2 号イからチまで並びに第 8 項（原動機用蓄電池に係る部分を除く。）の基準
三　法第 75 条の 3 第 1 項の規定に基づき感電防止装置の指定を受けた自動車に備える電気装置と同一の構造を有し、かつ、同一の位置に備えられた感電防止装置又はこれに準ずる性能を有する感電防止装置 第 7 項第 1 号イからヌまで及び第 2 号イからチまで並びに第 8 項（原動機用蓄電池に係る部分を除く。）の基準
四　法第 75 条の 2 第 1 項の規定に基づき指定を受けた特定共通構造部に備え

られている電気装置と同一の構造を有し、かつ、同一の位置に備えられている原動機用蓄電池又はこれに準ずる性能を有する原動機用蓄電池 第 7 項第 1 号ル並びに第 2 号リ及びヌ並びに第 8 項（原動機用蓄電池に係る部分に限る。）の基準

五　法第 75 条の 3 第 1 項の規定に基づき原動機用蓄電池の指定を受けた自動車に備える電気装置と同一の構造を有し、かつ、同一の位置に備えられた原動機用蓄電池又はこれに準ずる性能を有する原動機用蓄電池 第 7 項第 1 号ル並びに第 2 号リ及びヌ並びに第 8 項（原動機用蓄電池に係る部分に限る。）の基準

10　保安基準第 1 条の 3 ただし書により、破壊試験を行うことが著しく困難であると認める装置であって次に掲げるものは、保安基準第 17 条の 2 第 6 項の基準に適合するものとする。

一　原動機用蓄電池パックが次に掲げる位置にあり、かつ、自動車の振動、衝撃等により移動し又は損傷することがないよう確実に取り付けられているもの。

イ　協定規則第 137 号の技術的な要件又は協定規則第 94 号の技術的な要件が適用される自動車の原動機用蓄電池パックは、その最前端部から車両前端までの車両中心線に平行な水平距離が 420mm 以上であるもの。

ただし、地上面からの高さが 800mm を超える位置に取り付けられた原動機用蓄電池パックにあってはこの限りでない。

ロ　別添 111「電気自動車、電気式ハイブリッド自動車及び燃料電池自動車の衝突後の高電圧からの乗車人員の保護に関する技術基準」3. が適用される自動車の原動機用蓄電池パックは、その最後端部から車両後端までの車両中心線に平行な水平距離が 65mm 以上であるもの。ただし、地上面からの高さが 800mm を超える位置に取り付けられた原動機用蓄電池パックにあってはこの限りでない。

ハ　協定規則第 95 号の技術的な要件が適用される自動車の駆動用蓄電池パックは、その最外側からその位置における車両最外側までの水平距離が 130mm 以上であるもの。

ただし、地上面からの高さが 800mm を超える位置に取り付けられた駆動用蓄電池パックにあってはこの限りでない。

道路運送車両の保安基準の細目を定める告示【2019.05.28】別添 111

別添 111　電気自動車、電気式ハイブリッド自動車及び燃料電池自動車の衝突後の高電圧からの乗車人員の保護に関する技術基準

1.　適用範囲

この技術基準は、電力により作動する原動機を有する自動車（二輪自動車、側車付二輪自動車、三輪自動車、カタピラ及びそりを有する軽自動車、大型特殊自動車、小型特殊自動車、被牽引自動車並びに被牽引自動車を除く。）の動力系、駆動用蓄電池モジュール及び駆動用蓄電池パックに適用する。

2.　用語の定義

この技術基準における用語の定義は、保安基準第 1 条及び道路運送車両の保安基準の細目を定める告示第 2 条に定めるもののほか、次の 2.1. から 2.19. までに定めるところによる。

2.1.「動力系」とは、以下の 2.1.1. から 2.1.4. まで及び 2.18. に掲げるものを含む電気回路をいう。充電系連結システムは動力系には含まない。

2.1.1.　駆動用蓄電池

2.1.2.　電子式コンバータ（駆動用電動機の電子制御装置、DC/DC コンバータ等電力を制御又は変換できる装置をいう。）

2.1.3　駆動用電動機、それに付随するワイヤハーネス及びコネクタ等

2.1.4.　走行に係る補助装置（ヒータ、デフロスタ又はパワ・ステアリング等）

2.2.「駆動用蓄電池」とは、駆動に係る電力を供給するための電気的に接続された電力貯蔵体及びその集合体をいう。

2.3.「駆動用蓄電池モジュール」とは、1 つのセル又はセルの集合体から成る最小の単一エネルギ貯蔵体であって、電気的に直列又は並列に結合されて、1 つの容器内に置かれ、かつ機械的に結合されたものをいう。

2.4.「駆動用蓄電池パック」とは、駆動用蓄電池モジュール及び保持枠又はトレーやケースを含む単一の機械的集合体をいう。

2.5.「充電系連結システム」とは、外部電源に接続して駆動用蓄電池を充電するために主として使用され、かつ、電気回路を開閉する接触器、絶縁トランス等

により外部電源と接続している時以外には動力系から直流電気的に絶縁される電気回路であり、以下の 2.5.1. から 2.5.3. に掲げるものを含むものをいう。

2.5.1.　車両インレット（外部電源と接続する車両側の部分をいう。）

2.5.2.　車両インレットと動力系との間のワイヤハーネス及びコネクタ等

2.5.3.　2.5.1. 及び 2.5.2. の電気回路に直流電気的に接続された電気回路

2.6.「外部電源」とは , 車両外部の交流又は直流電源のことをいう。

2.7.「客室」とは、乗員を収容するスペースで、ルーフ、フロア、側壁、ドア、窓ガラス、前部隔壁及び後部隔壁又はリヤゲート並びに動力系の活電部に対する直接接触を保護するために設けられたバリヤ及びエンクロージャを境界とする部分をいう。

2.8.「直接接触」とは、人体が活電部に接触することをいう。

2.9.「活電部」とは、通常の使用時に通電することを目的とした導電性の部分をいう。

2.10.「間接接触」とは、人体が露出導電部に接触することをいう。

2.11.「保護等級 IPXXB」とは、別紙 1「活電部への直接接触に対する保護」により定義するものをいう。

2.12.「露出導電部」とは、通常は通電されないものの絶縁故障時に通電される可能性のある導電性の部分のうち、工具を使用せず、かつ、容易に触れることができるものをいう。この場合において、容易に触れることができるかどうかは、原則として保護等級 IPXXB の構造を有するかどうかの確認方法により判断するものとする。

2.13「電気回路」とは、通常の作動時に電流が流れるように設計された活電部を接続したものの集合体をいう。

2.14.「作動電圧」とは、通常の作動時又は回路開放状態において、あらゆる導電性の部分の間に発生する可能性のある最大電位差であって、製作者が定めるものをいう。

2.15.「電気的シャシ」とは、電気的に互いに接続された導電性の部分の集合体であって、その電位が基準とみなされるものをいう。

2.16.「バリヤ」とは、あらゆる接近方向からの接触に対して、活電部から保護するために設けられた部分をいう。

2.17.「エンクロージャ」とは、あらゆる方向からの接触に対して、内部の機器を包み込み保護するために設けられた部分をいう。

2.18.「電気エネルギー変換システム」とは、燃料電池スタックその他の電気的駆動力のために電気エネルギーを発生し、これを提供するシステムをいう。

2.19.「高電圧」とは、直流 60V を超え 1,500V 以下又は交流 30V（実効値）を超え 1,000V（実効値）以下の作動電圧をいう。

3.　後面衝突に関する要件

専ら乗用の用に供する普通自動車又は小型自動車若しくは軽自動車（乗車定員 11 人以上の自動車、車両総重量が 2.8t を超える自動車を除く）は、4.1. 及び別紙 2「衝突試験方法」の方法で試験を行い、5. の基準を満たすものでなければならない。ただし、最遠軸距中心より後方に動力系が存在しない場合においては、この要件は適用しない。

3.1.　協定規則第 34 号に定める方法（同規則第 3 改訂版補足第 2 改訂版の附則 4 に限る。）又は別添 17「衝突時等における燃料漏れ防止の技術基準」の 3.2.（3.2.3. において準用する。

3.1.2.4. 及び 3.1.2.6. から 3.1.2.8. までの規定並びに 3.2.4. 中の「また、」以下の規定を除く。）に定める方法とする。

この場合において、同別添 3.2.3. において準用する同別添 3.1.2.2. の規定中「は、燃料タンク及び配管に干渉するおそれのある部品を除き」とあるのは「のうち試験結果に影響するおそれのない部品にあっては」と、同別添 3.2.3. において準用するの規定中「する。」とあるのは「する。この場合において、原動機又は電気エネルギー変換シス同別添 3.1.2.3. テムを作動させるために、適量の使用燃料の供給を行うものとして燃料装置の改造を行うことができる。」と、同別添 3.2.3. において準用する同別添 3.1.2.5. の規定中「燃料タンク及び配管以外の装置については、代用液を入れなくても差し支えない。」とあるのは「オイル類等の液体は抜いてもよい。」と読み替えるものとする。

4.　判定基準

3. に掲げる試験を行った結果、いずれの場合においても次の 4.1. から 4.3. までに掲げる要件に適合すること。

4.1.　駆動用蓄電池モジュールの電解液漏れに関する要件

衝突試験後 30 分間は、駆動用蓄電池モジュールの電解液が客室内に漏出してはならない。また、客室外に設置された開放式駆動用蓄電池（補水が必要で外気に開放された水素ガスを発生する液式の蓄電池をいう。以下同じ。）を除き、駆動用蓄電池モジュールの電解液の車両外部への漏出が、電解液総量の 7％を超えてはならない。開放式駆動用蓄電池の場合には、電解液の車両外部への漏出が、電解液総量の 7％を超えず、かつ、5ℓ 以下であること。

衝突試験後に駆動用蓄電池モジュールからの電解液漏れを確認するために、必要であれば、駆動用蓄電池モジュールを保護するカバーに適切なコーティングを施してもよいものとする。

自動車製作者等が電解液以外の液体の漏出を区別する手段を提供しない場合には、すべて自動車製作者等が電解液以外の液体の漏出を区別する手段を提供しない場合には、すべての漏液は電解液とみなすものとする。

4.2.　駆動用蓄電池モジュールの固定に関する要件

客室内に設置される駆動用蓄電池モジュールは、所定の位置に固定されたままでなければならない。この場合において、駆動用蓄電池モジュールが駆動用蓄電池パック内に搭載されている構造においては、駆動用蓄電池パックが固定されたままであること。

客室外に設置されている駆動用蓄電池モジュールは、衝突試験後に客室に侵入しないものであること。

4.3.　感電に対する保護に関する要件

衝突試験後、次の 4.3.1. から 4.3.4. までのいずれかの要件を満たすものでなければならない。

試験車両が運転状態において動力系を直流電気的に分割する自動遮断機能又は装置を有している場合には、遮断機能の作動後において、遮断された回路又は互いに分割された回路ごとに次の要件のいずれかを適用するものとする。

ただし、保護等級 IPXXB で保護されていない異なる電位を有する高電圧回路の部位が 2 か所以上存在する場合においては、4.3.4. に規定する要件は適用しない。

高電圧回路に通電しない状態で衝突試験を実施する場合には、感電に対する保護は、関連する部位に対して 4.3.3. 又は 4.3.4. のいずれかの要件を満たすものでなければならない。

4.3.1.　高電圧の消失

衝突試験後 5 秒から 60 秒までの間に高電圧回路の電圧（Vb、V1 及び V2）を測定した場合に、直流 60V 又は交流 30V（実効値）以下でなければならない（**図 A2-2**）。

ただし、高電圧回路に通電しない状態で衝突試験を実施する場合には、本規定に適合しないものとする。

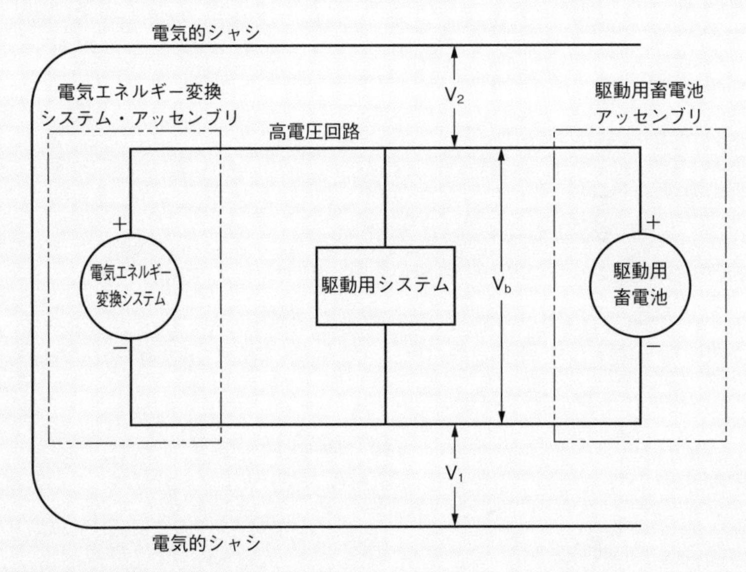

図 A2-2 ● Vb、V1 および V2 の測定

4.3.2.　低電気エネルギー

高電圧回路の総エネルギー（TE）は、別紙 4 に規定する試験手順に従い測定した場合に 2.0 ジュール未満でなければならない。総エネルギーは、高電圧回路の電圧測定値 Vb 及び自動車製作者等が指定する X—キャパシタの静電容量（Cx）

を用いて計算により求めてもよいものとする。

Y―キャパシタに貯蔵されるエネルギー（TEy1、TEy2）についても 2.0 ジュール未満でなければならない。Y―キャパシタに貯蔵されるエネルギーは、高電圧回路及び電気的シャシの間の電圧測定値 V1 及び V2 並びに自動車製作者等が指定する Y―キャパシタの静電容量（Cy1、Cy2）を用いて計算により求めてもよいものとする。

4.3.3.　接触保護

高電圧回路の活電部への直接接触に対する保護は、別紙 1 に規定する試験手順に従い確認した場合に、保護等級 IPXXB を満たすものでなければならない。

すべての露出導電部と電気的シャシとの間の抵抗値は、0.2A 以上の電流を流した状態で 0.1Ω 未満でなければならない。ただし、溶接によるものである場合は、当該抵抗値は 0.1Ω 未満とみなす。

4.3.4.　絶縁抵抗

絶縁抵抗は、別紙 3 に規定する試験手順に従い測定した場合に、次の要件を満たすものでなければならない。

4.3.4.1.　直流回路及び交流回路が分割された動力系の場合

直流の高電圧回路及び交流の高電圧回路が互いに直流電気的に絶縁されている場合には、高電圧回路及び電気的シャシの間の絶縁抵抗（Ri）は、直流回路用の作動電圧 1V 当たり 100Ω 以上であり、かつ、交流回路用の作動電圧 1V 当たり 500Ω 以上でなければならない。

4.3.4.2.　直流回路及び交流回路が接続された動力系の場合

直流の高電圧回路及び交流の高電圧回路が互いに直流電気的に接続されている場合には、絶縁抵抗（Ri）は、作動電圧 1V 当たり 500Ω 以上でなければならない。

ただし、すべての交流の高電圧回路が保護等級 IPXXB を満たし、又は交流電圧が車両の衝突後 30V（実効値）以下である場合には、高電圧回路と電気的シャシとの間の絶縁抵抗（Ri）は、作動電圧 1V 当たり 100Ω 以上でなければならない。

5.　駆動用蓄電池パック並びに電気回路の取り付け位置に関する要件

5.1.　車両前端部からの距離
駆動用蓄電池パック及び作動電圧が直流 60V 又は交流 30V（実効値）を超える部分を有する動力系（作動電圧が直流 60V 又は交流 30V（実効値）以下の部分であって作動電圧が直流 60V 又は交流 30V（実効値）を超える部分から十分に絶縁され、かつ、正負いずれか片側の極が電気的シャシに直流電気的に接続されている部分を除く。）の電気回路は、その最前端部から車両前端までの車両中心線に平行な水平距離が 420mm 以上である位置に取り付けられていなければならない。
ただし、駆動用蓄電池パック並びに動力系の電気回路であって地上面からの高さが 800mm を超える位置に取り付けられたものについてはこの限りではない。
5.2.　車両後端部からの距離
駆動用蓄電池パック及び作動電圧が直流 60V 又は交流 30V（実効値）を超える部分を有する動力系（作動電圧が直流 60V 又は交流 30V（実効値）以下の部分であって作動電圧が直流 60V 又は交流 30V（実効値）を超える部分から十分に絶縁され、かつ、正負いずれか片側の極が電気的シャシに直流電気的に接続されている部分を除く。）の電気回路は、その最後端部から車両後端までの車両中心線に平行な水平距離が 300mm 以上である位置に取り付けられていなければならない。
ただし、駆動用蓄電池パック並びに動力系の電気回路であって地上面からの高さが 800mm を超える位置に取り付けられたものについてはこの限りではない。
6.　原動機用蓄電池パック取付部の強度に関する要件
6.1.　車両中心線に平行な方向の加速度に対する強度
原動機用蓄電池パックの取付部は、原動機用蓄電池パックを取り付けた状態において自動車の種類に応じ次の 6.1.1. から 6.1.3. までに掲げる車両中心線に平行な方向の加速度により、破断しないものでなければならない。この場合において、加速度に係る要件への適合性は、計算による方法で証明されるものであってもよい。
6.1.1.　専ら乗用の用に供する乗車定員 10 人以下の自動車又は貨物の運送の用に供する車両総重量 3.5t 未満の自動車±196m/s2

6.1.2.　専ら乗用の用に供する乗車定員 11 人以上の自動車であって車両総重量 5t 未満のもの又は貨物の運送の用に供する車両総重量 3.5t 以上 12t 未満の自動車±98m/s2

6.1.3.　専ら乗用の用に供する乗車定員 11 人以上の自動車であって車両総重量 5t 以上のもの又は貨物の運送の用に供する車両総重量 12t 以上の自動車±64.7m/s2

6.2.　車両中心線に平行な方向の加速度に対する強度

原動機用蓄電池パックの取付部は、原動機用蓄電池パックを取り付けた状態において自動車の種類に応じ次の 6.1.1. から 6.1.3. までに掲げる車両中心線に平行な方向の加速度により、破断しないものでなければならない。この場合において、加速度に係る要件への適合性は、計算による方法で証明されるものであってもよい。

6.2.1.　専ら乗用の用に供する乗車定員 9 人以下の自動車又は貨物の運送の用に供する車両総重量 3.5t 未満の自動車±78.4m/s2

6.2.2.　専ら乗用の用に供する乗車定員 10 人以上の自動車又は貨物の運送の用に供する車両総重量 3.5t 以上の自動車±49m/s2

別紙 1　活電部への直接接触に対する保護

1.　一般規定

活電部への直接接触に対する「保護等級 IPXXB」とは、本別紙に定めるところによる。また、本別紙は、作動電圧が交流 1000V 及び直流 1500V を超えない動力系に適用する。

なお、本別紙においては、本文 2.9. に規定する活電部とともに、次の 1.1. 及び 1.2. の部分も活電部とみなして判定するものとする。

1.1.　ワニス又は塗料のみで覆われている活電部

ただし、絶縁を目的としたワニス又は塗料を使用したものは、この限りでない。

1.2.　酸化処理又は同様の処理で保護された活電部

2.　試験条件

試験自動車は、原則として、衝突試験の直後の状態とする。

2.1.　近接プローブ等

2.1.1.　保護等級の確認に使用する近接プローブは、**表 A2-4** に定められているものを使用すること。

2.1.2.　信号表示回路法により、近接プローブとバリヤ、エンクロージャ等の内部の活電部との接触の有無を確認する場合は、近接プローブと活電部との間に低電圧電源（40V 以上かつ 50V 以下のもの）と適切なランプを直列に接続する。

2.1.3.　また、信号表示回路法による場合には、上記 1.1. 及び 1.2. に規定された部分には、衝突試験前に導電性の金属はくで覆い、当該金属はくを通常の活電部に電気的に接続する。

3.　試験方法

3.1.　バリヤ、エンクロージャ等の開口（既に存在するか、又は規定された力で近接プローブを当てたときに生ずる可能性のある、バリヤ、エンクロージャ等のすき間又は開口部をいう。）に近接プローブを、**表 A2-4** の試験力の欄に規定された力で押し当てる。

3.2.　エンクロージャ内部の可動部品は、可能ならばゆっくりと作動させる。

3.3.　近接プローブが一部又は完全に侵入する場合は、接触する可能性のあるすべての部分に押し当て、接触するか否か（信号表示回路法による場合は、ランプの点灯状態（以下この別紙において同じ。））を確認する。この場合において、関節試験指が真っ直ぐな状態から開始し、関節試験指の隣り合った節の軸に対して 90° まで両関節を順次曲げて、接触する可能性のあるすべての部分に接触するか否かを確認する。

4.　判定基準

4.1.　近接プローブは、活電部に接触してはならない。

4.2.　近接プローブの停止面がバリヤ、エンクロージャ等の開口を通して完全に侵入してはならない。

4.3.　信号表示回路法により確認する場合にあっては、ランプが点灯してはならない。

表 A2-4 ●近接プローブ

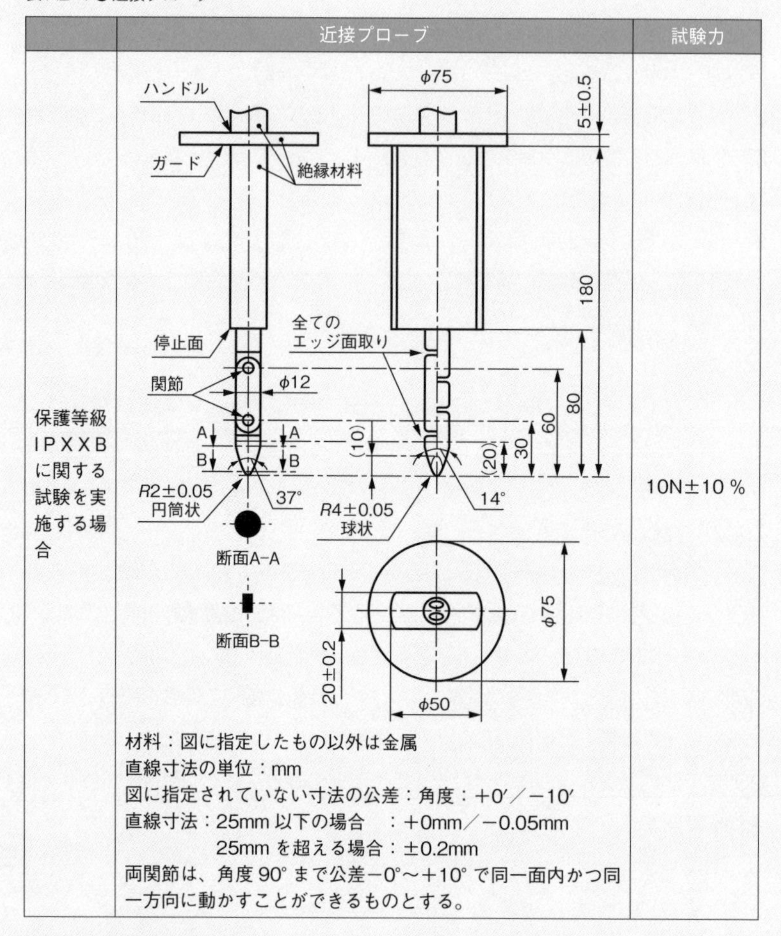

	近接プローブ	試験力
保護等級IPXXBに関する試験を実施する場合	材料：図に指定したもの以外は金属 直線寸法の単位：mm 図に指定されていない寸法の公差：角度：＋0′／−10′ 直線寸法：25mm 以下の場合　：＋0mm／−0.05mm 25mm を超える場合：±0.2mm 両関節は、角度 90° まで公差−0°〜＋10° で同一面内かつ同一方向に動かすことができるものとする。	10N±10 %

別紙 2　衝突試験方法

1.　用語の定義

衝突の試験は次の方法による。

1.1.「駆動用蓄電池側電気回路」とは、自動遮断装置により遮断される動力系の電気回路のうち駆動用蓄電池を含む部分をいう。

1.2.「駆動用電動機側電気回路」とは、自動遮断装置により遮断される動力系の電気回路のうち駆動用電動機を含む部分をいう。

1.3.「電気エネルギー変換システム側電気回路」とは、自動遮断装置により遮断される動力系のうち電気エネルギー変換システムを含む部分をいう。

1.4.「自動遮断装置」とは、衝突時の衝撃を検知して駆動用電動機側電気回路から駆動用蓄電池側電気回路又は電気エネルギー変換システム側電気回路を遮断する機構をいう。

2.　衝突試験の試験条件

2.1.　試験自動車

試験自動車は、次による。

2.1.1.　原動機は、停止状態であること。

2.1.2.　変速装置の変速位置は、中立位置であること。

2.1.3.　タイヤの空気圧は、諸元表に記載された空気圧であること。

2.1.4.　駆動用蓄電池は正常に機能する状態に充電すること。また、開放式駆動用蓄電池の場合は、電解液を規定の最大量まで注液すること。

2.1.5.　電子式コンバータの作動原理を明確化の上、当該コンバータの作動を停止させた状態で衝突試験を行うことができる。この場合において、その方策として電子式コンバータが作動しない状態とするほか、ソフトウエアの変更等の測定に必要な改造を行ってもよい。

2.1.6.　自動遮断装置を有するものにあっては、2.1.6.1. 又は 2.1.6.2. に示す手順で衝突試験を実施すること。

2.1.6.1.　衝突時に自動遮断装置が正常に作動する状態とし、当該装置を接続した状態で衝突試験を実施すること。

2.1.6.2.　自動遮断装置が駆動用蓄電池又は電気エネルギー変換システムを遮断した状態で衝突試験を実施する。この場合において、衝突試験を実施するに当たっては、事前に当該装置の作動原理を明確化の上、当該装置が作動することを示す代替特性（エアバッグ展開信号等）が正常に作動することを証明すること。

2.1.7.　試験自動車には、衝突後速やかに駆動用蓄電池モジュールの電解液の漏れ量を測定するために、必要がある場合は制動装置等を取り付けること。

2.1.8.　必要に応じて、2.1.8.1. 及び 2.1.8.2. の例による方策を講じること。

2.1.8.1.　衝突後の駆動用蓄電池モジュールの電解液漏れの有無を確認できるように、バリヤ、エンクロージャに適当な塗料等を塗布する。

2.1.8.2.　電解液とその他の集合体（オイル、燃料の代用液体等）の区分又は分離ができるようにその他の集合体に色をつける。

2.1.9.　絶縁抵抗低下モニタの作動等により測定値が安定しない場合は、当該装置の作動を停止させる又は当該装置を取り外す等の測定に必要な改造を行ってもよい。なお、当該部品を取り外す場合は、それによって活電部と電気的シャシとの間の絶縁抵抗が変化しないことを図面等により証明しなければならない。

2.2.　試験速度

2.2.1.　規定する速度を超える速度で試験が実施された自動車が要件に適合した場合には、当該自動車は要件に適合するものとする。

2.3.　後面衝突試験機器

後面衝突試験に使用する機器は、次による。

2.3.1.　インパクタ

インパクタの前面に取り付けるベニア板の厚さは、20±2mm であること。

2.3.2.　速度測定装置

2.3.2.1.　速度測定装置は、試験自動車又はインパクタが速度測定区間を通過する時間を 0.1ms 以下の単位で測定できること。なお、通過時間から換算した速度を km/h の単位により測定する場合には、小数第 1 位まで表示すること。

2.3.2.2.　速度測定装置は、インパクタが試験自動車に衝突する直前の位置に設置すること。

別紙 3　絶縁抵抗の測定方法

高電圧回路と電気的シャシとの間の絶縁抵抗は、動力系の電気回路の作動電圧よりも高い直流電圧を印加できる絶縁抵抗試験器を使用して測定する方法又は内部抵抗値が原則 10MΩ 以上の直流電圧計を使用して電圧を測定し、計算により絶縁抵抗を求める方法のいずれかの方法によることができる。この場合において、絶縁抵抗監視モニタは不作動としてもよいものとする。

自動遮断装置を有する自動車である場合、衝突試験後、当該装置が正常に作動したことを確認するために自動遮断装置の両端間の導通がないことを確認するものとする。

ただし、自動遮断装置が駆動用蓄電池又は電気エネルギー変換システムに組み込まれたものであり、衝突試験後に駆動用蓄電池又は電気エネルギー変換システムが保護等級 IPXXB を満たしている場合は、自動遮断装置と電気負荷点の間で測定することができる。

高電圧回路の負極と正極との間での電圧(Vb)を測定し、記録する(**図 A2–3** 参照)。

高電圧回路の負極と電気的シャシとの間で電圧（V1）を測定し、記録する（**図 A2–3** 参照）。

高電圧回路の正極と電気的シャシとの間で電圧（V2）を測定し、記録する（**図 A2–3** 参照）。

V1 が V2 以上である場合、高電圧回路の負極と電気的シャシとの間に抵抗器（Ro）を挿入する。Ro を装備した状態で、高電圧回路の負極と車両の電気的シャシとの間で電圧（V1′）を測定する（**図 A2–4** 参照）。以下の式に従って、絶縁抵抗（Ri）を計算する。

Ri＝Ro×(Vb/V1′－Vb/V1）又はRi＝Ro×Vb×(1/V1′－1/V1)

電気絶縁抵抗値（単位：Ω）である結果値 Ri を、高電圧回路の作動電圧（単位：V）で割る。

Ri(Ω/V)＝Ri(Ω)／作動電圧(V)

V2 が V1 を上回る場合、高電圧回路の正極と電気的シャシとの間に抵抗器（Ro）を挿入する。

Ro を装備した状態で、高電圧回路の正極と電気的シャシとの間で電圧（V2′）を測定する（**図 A2–5** 参照）。

以下の式に従って、絶縁抵抗（Ri）を計算する。

Ri＝Ro×(Vb/V2′－Vb/V2）又はRi＝Ro×Vb×(1/V2′－1/V2)

電気絶縁抵抗値（単位：Ω）である結果値 Ri を、高電圧回路の作動電圧（単位：V）で割る。

Ri(Ω/V)＝Ri(Ω)/作動電圧(V)

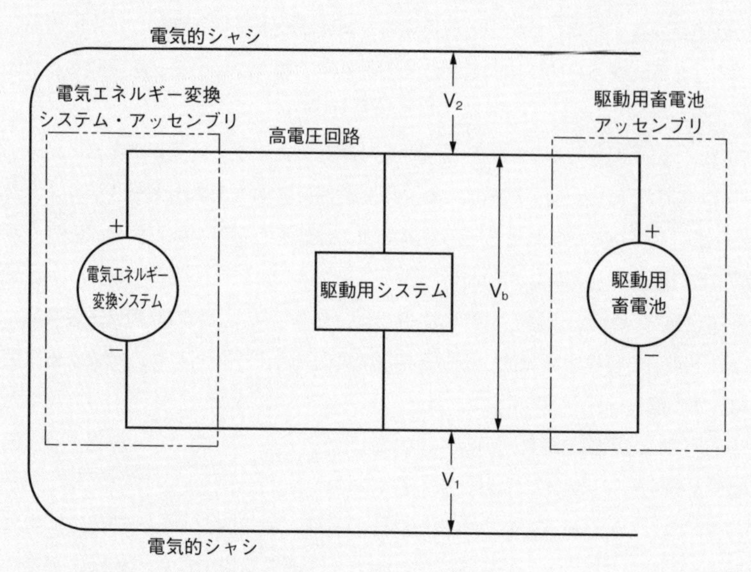

図 A2-3 ● Vb、V1 および V2 の測定

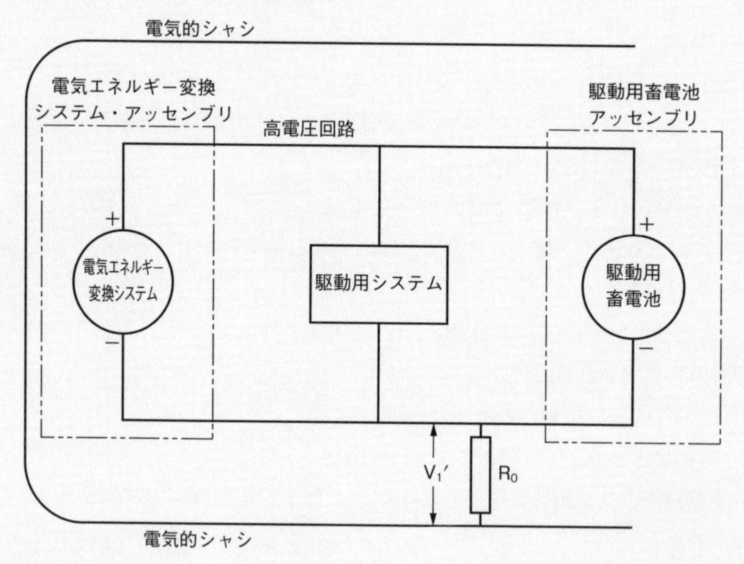

図 A2-4 ● V1′の測定

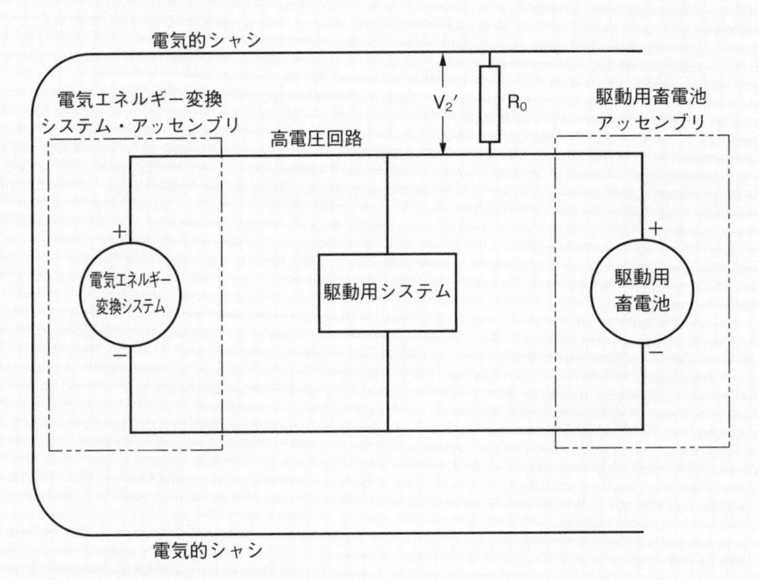

図 A2-5 ● V2′ の測定

注記：抵抗器 Ro（単位：Ω）の抵抗値は、絶縁抵抗基準値（単位：Ω/V）と試験車両の作動電圧を乗じた値の±20 %の範囲内であることが望ましい。

別紙４　低電気エネルギーの試験手順

衝突試験に先立ち、高電圧回路にスイッチ S1 及び放電抵抗器 Re を並列に接続する（**図 A2-6** 参照）。

衝突試験後 5 秒から 60 秒までの間に、スイッチ S1 を閉じ、電圧 Vb 及び電流 Ie を測定し、及び記録するものとする。以下の式のとおり、電圧 Vb 及び電流 Ie の積をスイッチ S1 を閉じた瞬間（tc）から電圧 Vb が高電圧閾値直流 60V 以下となるまでの時間（th）で積分するものとする。

この積分の結果がジュールを単位とする総エネルギー（TE）となる。

$$TE=\int_{t_c}^{t_h} V_b \times I_e \, dt$$

衝突試験後 5 秒から 60 秒までの間の時点で Vb が測定され、X─キャパシタの静電容量（Cx）が自動車製作者等から指定されている場合には、総エネルギー（TE）は以下の式に従って計算するものとする。

TE＝0.5×Cx×（Vb2－3,600）

衝突試験後 5 秒から 60 秒までの間の時点で V1 及び V2 が測定され、Y―キャパシタの静電容量（Cy1、Cy2）が自動車製作者等から指定されている場合には、総エネルギー（TEy1、TEy2）は以下の式に従って計算するものとする。

TEy1＝0.5×Cy1×（V12－3,600）

TEy2＝0.5×Cy2×（V22－3,600）

この手順は、動力系に通電しない状態で試験を実施する場合には、適用しない。

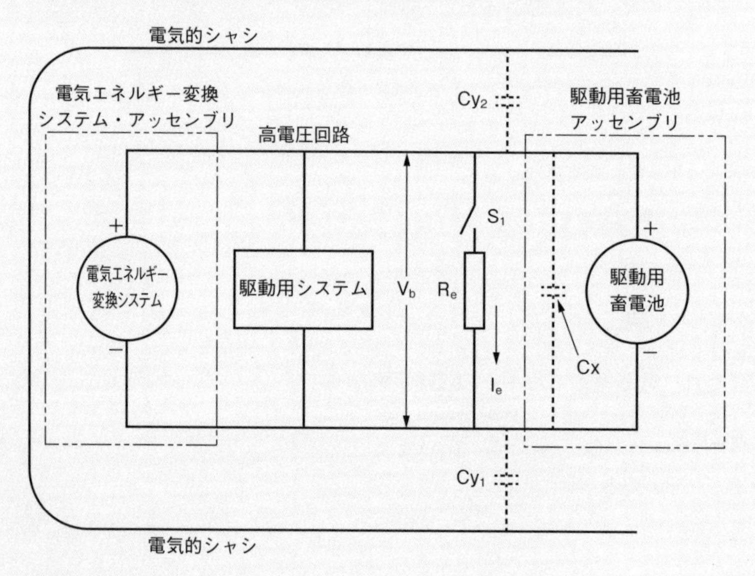

図 A2-6 ●キャパシタに貯蔵された高電圧回路エネルギーの測定

別添 98　原動機付自転車の制動装置の技術基準

1.　適用範囲

この技術基準は、原動機付自転車（付随車を除く。以下「原付車」という。）の制動装置に適用する。

2. 用語

この技術基準中の用語の定義は次によるものとする。

2.1. 「原付三・四輪車」とは、3以上の車輪を有する原付車（輪距が50cm以内であって車室を有しないものを除く。）をいう。

2.2. 「主制動装置」とは、走行中の原付車の制動に常用する制動装置をいう。

2.3. 「連動ブレーキ機能」とは、1個の操作装置により前輪及び後輪の制動を行うことができる主制動装置の機能を言う。

2.4. 「補助ブレーキ機能」とは、連動ブレーキ機能を有した主制動装置において、連動ブレーキ機能を作用させる操作装置以外の操作装置により、連動ブレーキ機能に比べて低い能力の制動を行うことができる機能をいう。

2.5. 「駐車制動装置」とは、主制動装置以外の制動装置であって、停止中の原付車を機械的作用により停止状態に保持するものをいう。

2.6. 「操作装置」とは、制動装置の操作を意図した運転者が操作するペダル、レバー等をいう。

2.7. 「アンチロックブレーキシステム（以下「ABS」という。）」とは、制動中の1個以上の車輪において回転方向の路面との相対的滑りの大きさを、自動的に制御する装置をいう。

2.8. 「ロック」とは、制動中に車輪の回転運動が停止した状態又はこれに近い状態をいう。

2.9. 「積載状態」とは、試験原付車の重量が、乗車定員が二人以上の原付車にあっては車両総重量以上であり、かつ、車両総重量に65kgを加えた重量以下である状態をいい、乗車定員が一人の原付車にあっては車両総重量以上であり、かつ、車両総重量に45kgを加えた重量以下である状態をいう。

2.10. 「非積載状態」とは、試験原付車の重量が車両重量に55kg以上100kg以下の重量を加えた状態をいう。

2.11. 「最高速度（以下「VMAX」という。）」とは、試験原付車の諸元表記載の最高速度をkm/h単位で表した値をいう。

2.12. 「停止距離」とは、運転者の操作により操作装置が動き始めてから原付車か停止するまでの間に原付車が走行した距離をいう。

2.13.「制動前ブレーキ温度」とは、それぞれの車輪について、制動装置のディスク若しくはドラムの摩擦面上若しくは外表面上又はライニング内部の温度を測定した場合に、最も温度が高い車輪の温度をいう。

2.14.「平均飽和減速度」とは、制動中の原付車の減速度の大きさが、ほぼ一定となり安定しているとみなせるときの当該減速度の値をいう。

3.　試験方法

3.1.　一般試験方法

3.1.1.　特に規定する場合を除き、制動試験は乾燥した平たんな直線舗装路面で行うものとする。ただし、3.2.3.2. の手順にあっては、平たんな直線路面で行うことを要しない。

3.1.2.　試験は、平均風速が 5m/s 以下の時に行うものとする。

3.1.3.　試験時のタイヤの空気圧は、（諸元表に記載された空気圧）±0.01MPa とする。

3.1.4.　操作力は、レバーにおいてはレバーの前面で外端から内側に 50mm の位置において回転方向に対し直角に、ペダルにあっては踏面の中央で踏面に対し直角に加えるものとする。

3.1.5.　3.2.5. の試験を除き、試験原付車の速度が 15km/h を超えている場合に、それぞれの車輪はロックをしてはならない。

3.1.6.　試験中原付車の進行方向を維持し、又は修正することを目的として、かじ取り装置の操作を行ってもよい。

3.1.7.　それぞれの試験を実施する順序については、最後に 3.2.3. の試験を規定する順序で行う以外は、特に定めない。

3.1.8.　試験原付車の装着部品は、制動性能に影響を与えるおそれのある部品以外は正規の部品でなくてもよい。

3.1.9.　特に規定する場合を除き、制動中運転者の操作力は調整してもよい。

3.1.10.　3.3.1. の試験を行う場合には、同時に複数箇所の故障を起こさせてはならない。

3.1.11.　3.3.1. の試験を行う場合には、機械的に力を伝達し、及び機械的力に抗する部材並びに制動装置本体は破損すると見なしてはならない。

3.1.12.　3.3.1. の試験における制動試験は、主制動装置の操作装置を操作することにより行われること。

3.1.13.　3.2.2. の試験、3.2.3. の試験及び 3.4.1. の試験を除き、試験は、前輪及び後輪についてそれぞれ行う。

なお、連動ブレーキ機能を有する試験原付車にあっては、連動ブレーキ機能及び補助ブレーキ機能についてそれぞれ行う。

3.1.14.　3.3.1. の試験における警報装置の作動試験と制動試験とは、3.3.1. の試験を全て実施するのであるならば、3.3.1. の規定にかかわらず、それぞれ別途に行うことができる。

3.2.　主制動装置

3.2.1.　常温時制動試験

3.2.1.1.　試験原付車の状態

試験原付車は、積載状態とする。

3.2.1.2.　制動前ブレーキ温度

本試験を行う前の試験原付車の制動前ブレーキ温度は、100 ℃以下とする。

3.2.1.3.　試験方法

試験原付車を 90 % VMAX（VMAX に 0.9 を乗じて得る値をいう。ただし 60（最高速度が 50km/h 以下の第 1 種原動機付自転車にあっては 40）を上限とする。以下同じ。）±5km/h の制動初速度から、手動式の場合にあっては 200N、足動式の場合にあっては 350N 以下の操作力で主制動装置を操作することにより制動し、このときの停止距離又は減速度を測定する。なお、制動中は原動機と走行装置の接続を断つこととする。

3.2.1.4.　試験回数

試験は最大 6 回まで行うことができる。

3.2.2.　常温時高速制動試験

本試験は、最高速度が 50km/h 以下の第 1 種原動機付自転車を除く原付車に適用することとし、前輪及び後輪を同時に作動させて行う。なお、連動ブレーキ機能を有する試験原付車にあっては連動ブレーキ機能と補助ブレーキ機能とを同時に作動させて行う。

3.2.2.1.　試験原付車の状態

試験原付車は、非積載状態とする。

3.2.2.2.　制動前ブレーキ温度

本試験を行う前の試験原付車の制動前ブレーキ温度は、100 ℃以下とする。

3.2.2.3.　試験方法

試験原付車を 80 % VMAX（VMAX に 0.8 を乗じて得る値をいう。ただし、160 を上限とする。）±5km/h の制動初速度から、手動式の場合にあっては 200N、足動式の場合にあっては 350N 以下の操作力で、同時に主制動装置の前輪及び後輪の操作装置（連動ブレーキ機能を備えた主制動装置にあっては、連動ブレーキ機能と補助ブレーキ機能の操作装置）を操作することにより制動し、このときの停止距離又は減速度を測定する。

なお、制動中（試験原付車の速度が 15km/h 以下である場合を除く。）変速器の変速位置は、本試験の制動初速度での走行に適した位置のうち最高段の位置に固定し、原動機と走行装置は接続した状態とする。

3.2.2.4.　試験回数

本試験は最大 6 回まで行うことができる。

3.2.3.　フェード試験

本試験は、最高速度が 50km/h 以下の第 1 種原動機付自転車を除く原付車に適用することとし、前輪及び後輪についてそれぞれ行う。なお、連動ブレーキ機能を有する試験原付車にあっては、連動ブレーキについて行う。

3.2.3.1.　試験原付車の状態

試験原付車は、積載状態とする。

3.2.3.2.　基準性能試験

次の手順に従って試験を行うこと。なお、3.2.1.の試験における測定値を本試験における測定値として取り扱ってもよい。

3.2.3.2.1.　制動前ブレーキ温度

本試験を行う前の試験二輪車の制動前ブレーキ温度は、100 ℃以下とする。

3.2.3.2.2.　試験方法

試験原付車を 90 % VMAX（ただし、60 を上限とする。）±5km/h の制動初速度から、3.2.1. の試験において試験結果として得られた停止距離又は平均飽和減速度で停止するような一定の操作力（ただし、手動式の場合にあっては200N以下、足動式の場合にあっては 350N 以下の操作力とする。）で主制動装置を操作することにより制動し、このときの停止距離又は減速度を測定する。
なお、制動中は原動機と走行装置の接続を断つこととする。
3.2.3.2.3.　試験回数
本試験は適切な結果を得るまで繰り返し行うことができる。
3.2.3.3.　加熱手順
3.2.3.3.1.　試験前ブレーキ温度
本試験を行う前の試験原付車の試験前ブレーキ温度は、初回の制動を行う前に限り 100 ℃以下とする。
3.2.3.3.2.　制動初速度
制動初速度は次の①、②又は③の規定によること。
①連動ブレーキ機能を備えない主制動装置にあって、前輪のみを制動する場合は、70 % VMAX（VMAX に 0.7 を乗じて得る値をいう。以下同じ。ただし、100 を上限とする。）±5km/h
②連動ブレーキ機能を備えない主制動装置にあって、後輪のみを制動する場合は、70 % VMAX（ただし、80 を上限とする。）±5km/h
③連動ブレーキ機能を有する主制動装置にあっては、70 % VMAX（正、100 を上限とする。）±5km/h
3.2.3.3.3.　試験方法
次の手順に従って、制動を 10 回繰り返す。
①試験原付車を制動初速度（以下「V1」という。）から停止するまで、速やかに主制動装置を操作することにより、1 回目にあっては、の減速度により、また、2 回目から 10 回目までにあっては、1 回目と同じ操作力により制動を行うこととする。
なお、制動中変速機の変速位置は V1 での走行に適した最高段の位置に固定し、原動機と走行装置は接続した状態とする。ただし、試験原付車の速度が、制動初速度の 50 %程度以下の状態にあるときは、原動機と走行装置の接続は断つこと

とする。

②停止した後、直ちに可能な限り大きな加速度で V1 まで加速し、制動動作開始地点に達するまで V1 で走行する。

③①に戻り、制動操作を行う。なお、制動操作は、前回の制動動作の開始地点からの走行距離が 950m±50m となったときに開始することとする。

3.2.3.4.　高温時制動試験

3.2.3.4.1.　試験方法

3.2.3.3. の手順における 10 回目の制動操作が終了した後、可能な限り大きな加速度で試験原付車を加速し、10 回目の制動操作が終了してから 1 分以内に、90％VMAX（ただし、60 を上限とする。）±5km/h の制動初速度から、3.2.3.2. の試験を実施したときの操作力に可能な限り近い操作力（ただし、当該操作力に 10N ｛1 kg f｝ を足して得る操作力を上限とし、制動中一定の大きさに保つこととする。）で主制動装置を操作することにより試験原付車を制動し、このときの停止距離又は減速度を測定する。

なお、制動中は、原動機と走行装置の接続を断つこととする。

3.2.4.　湿潤時性能試験

本試験は、ドラムブレーキ装置並びに雨天時等においてディスク摩擦面及びライニングが漏れないよう適切な防水対策が行われているディスクブレーキ装置を備える原付車を除く原付車に適用する。

3.2.4.1.　試験原付車の状態

試験原付車は、積載状態とする。

3.2.4.2.　基準性能試験

3.2.4.2.1.　制動前ブレーキ温度

本試験を行う前の試験原付車の制動前ブレーキ温度は、100 ℃以下とする。

3.2.4.2.2.　試験方法

試験原付車を 90％VMAX±5km/h の制動初速度から、一定の操作力で主制動装置を操作することにより、の減速度で制動し、このときの操作力及び減速度を測定する。なお、制動中は、原動機と走行装置の接続を断つこととする。

3.2.4.3.　散水方法

（1）散水装置は、各ディスクに対し 15/h 以上の流量の水を次の①、②又は③の規定による噴射位置からディスクの両表面（③にあってはカバーの両表面）を均一に散布する性能を有したものであること。

①ディスクが完全に露出するディスクブレーキ装置にあっては、ブレーキパッドからブレーキディスクの逆回転の方向に 45° の位置

②ディスクが部分的に露出するディスクブレーキ装置にあっては、ディスクをおおっているカバーの端からブレーキディスクの逆回転の方向に 45° の位置

③ブレーキパッドと接触するディスクの部分がカバーにより完全におおわれているディスクブレーキ装置にあっては、ブレーキパッドからブレーキディスクの逆回転の方向に 45° の位置。なお、散水装置の噴射孔からの水が制動装置の換気孔又は点検孔に直接に噴射される場合は、当該孔よりブレーキディスクの逆回転方向に 90° の位置とする。

（2）散水装置の噴射孔は、ディスク表面に対し直角方向、かつ、ディスクとブレーキパッドの接触部分の外周端より 2/3 の位置に設けること。

（3）（1）及び（2）に規定する噴射位置に他の構造又は装置があり、定められた位置において噴射できない場合又はディスク表面等に均一に水を散布できない場合、（1）の規定によりさらにブレーキディスクの逆回転の方向にブレーキパッドからの角度が最小となる噴射可能な位置において、噴射を行うこと。

3.2.4.4.　湿潤試験

試験原付車を 90％VMAX±5km/h まで加速し、3.2.4.3. の規定により散水装置から水を制動装置に散布し、当該速度により 500mm 以上の距離を走行した後、3.2.4.2. の試験を行ったときの操作力に可能な限り近い操作力で制動装置を操作することにより、当該原付車を制動し、このときの減速度を測定する。なお、制動中は、原動機と走行装置の接続を断つこととする。

3.2.5.　車輪ロック確認試験

本試験は、ABS を装備した原付車（原付三・四輪車を除く。）に適用する。なお、ABS を装備しない車輪の制動装置のみを作用させる操作装置については試験を行わないこととし、また、前輪及び後輪に ABS を装備する原付車にあっては、3.1.13. の規定によるほか、前輪及び後輪を同時に作動させて試験を行う。

3.2.5.1.　試験原付車の状態

(1) 試験原付車は、非積載状態とする。ただし、試験時の安全性の確保を目的とした転倒防止装置を装備する場合にあっては、当該装置の重量は非積載状態の重量には含めないこととする。

(2) 試験原付車には、路面と当該試験原付車のタイヤとの間の規定の摩擦係数を得ることを目的として、摩耗限度に達したタイヤ等の標準装備以外のタイヤを装備することができる。

(3) 試験原付車には、以下のデータを相互参照できるよう連続記録できる計測装置

を搭載する。

①試験原付車の速度

② ABS が作動する車輪のロック状況

③ ABS 作動時のブレーキ液圧

3.2.5.2.　試験路面の状態

試験は、平たんな乾燥したアスファルト又はコンクリート舗装の直接路面（以下、「高 μ 路」という。）及び滑り易い直線路面（以下、「低 μ 路」という。）の双方の試験路面において行う。なお、高 μ 路及び低 μ 路の路面と試験原付車のタイヤとの間の摩擦係数は次の計算式に適合しなければならない。

k1/k2≧2（ただし、k1≧0.8、k2≧0.3 とする。）

この場合において、

k1 は、高 μ 路の路面と試験原付車のタイヤとの間の摩擦係数

k2 は、低 μ 路の路面と試験原付車のタイヤとの間の摩擦係数

3.2.5.3.　制動前ブレーキ温度

本試験を行う前の試験原付車の制動前ブレーキ温度は、100 ℃以下とする。

3.2.5.4.　試験方法

試験原付車は、高 μ 路及び低 μ 路において 90 % VMAX±5km/h の制動初速度から停止するまで、制動開始後 2 秒以内に ABS が完全に作動するように制動装置を操作すること（制動中の操作力は一定の大きさに保つこととする。）により制動し、このとき必要に応じ、3.2.5.1.（3）の①から③までのデータを測定

する。なお、制動中は原動機と走行装置の接続を断つこととする。

3.2.5.5.　試験回数

本試験は、高 μ 路及び低 μ 路において、それぞれ 3 回行う。ただし、双方の試験路における 1 回目及び 2 回目の試験結果が、それぞれ 4.2.5. に規定する要件に適合する場合には、それぞれ 3 回目の試験を省略することができる。

3.3.　故障時主制動装置

3.3.1.　ABS 故障時制動試験及び ABS 故障警報装置の作動確認試験

本試験は原則として電気式の ABS を装備した試験原付車（原付三・四輪車を除く。）に適用する。

3.3.1.1.　試験原付車の状態

試験原付車は、積載状態とする。

3.3.1.2.　制動前ブレーキ温度

本試験を行う前の試験原付車の制動前ブレーキ温度は、100 ℃以下とする。

3.3.1.3.　試験方法

次の手順に従って試験を行う。

（1）電源から ABS への電力供給に係る配線又は制動力を制御する演算装置の入出口

に係る配線のコネクタ等を外すことによって、ABS が故障した状態とする。

（2）ABS 故障警報装置の作動を確認する。

（3）試験原付車を 90 % VMAX±5km/h の制動初速度から、手動式の場合にあっては 200N、足動式の場合にあっては 350N 以下の操作力で操作装置を操作することにより制動し、このときの停止距離又は減速度を測定する。なお、制動中は、原動機と走行装置の接続を断つこととする。

3.3.1.4.　試験回数

本試験は最大 6 回まで行うことができる。

3.4.　駐車制動装置

3.4.1.　駐車性能試験

本試験は、駐車制動装置を装備した試験原付車に適用する。

3.4.1.1.　試験原付車の状態

試験原付車は、積載状態とする。

3.4.1.2.　制動前ブレーキ温度

本試験を行う前の試験原付車の制動前ブレーキ温度は、100 ℃以下とする。

3.4.1.3.　試験方法

次の手順に従って、登坂路及び降坂路の双方の試験路で行う。

(1) 試験原付車を 18 %こう配の試験路面上で、変速機の変速位置を中立とし、主制動装置を操作することにより停止させる。

(2) 駐車制動装置の操作装置を、手動式の場合にあっては 400N 以下、足動式の場合にあっては、500N 以下の操作力で操作した後（操作装置に複数回操作を前提とする方式の駐車制動装置にあっては、設計標準回数だけ操作した後)、駐車制動装置の操作力を取り除く。この場合において、駐車制動装置が手動式であるときは、握り手部分の中心において、操作力を測定するものとする。

(3) 主制動装置の操作を徐々に解除した後、試験原付車の停止状態の維持を確認する。

(4) 試験原付車が停止状態を維持できない場合は、主制動装置により停止させた後、ラチェットを緩めることなく、(2) 及び (3) に規定する手順を最大 2 回まで追加して行うことができる。

4.　判定基準

4.1.　一般規定

(1) 特に規定しない限り、各試験においては、規定された回数の試験結果のうち、1 回の結果が判定基準を満たせば適合するものとする。

(2) 3.2.3.3. の手順の試験を除く制動試験を行ったとき、試験原付車は制動中 2.5m 幅（原付三・四輪車にあっては、輪距に 2.5m を加えた幅）の車線から逸脱してはならない。

(3) 停止距離で試験の合否を判定する場合には、次の計算式に従い、補正された測定値（以下「補正測定値」という。）を用いるものとする。

$Ss = 0.1Vs + (Sa - 0.1Va) \cdot Vs^2/Va^2$

この場合において、

Ss は、試験における停止距離の補正測定値（単位 m）

Vs は、試験における制動初速度の規定値（単位 km/h）

Sa は、試験における停止距離の測定値（単位 m）

Va は、試験における制動初速度の測定値（単位 km/h）

4.2.　主制動装置

4.2.1.　常温時制動試験

（1）停止距離で判定する場合

3.2.1. の試験を行ったとき、停止距離は、次の計算式に適合すること。

①最高速度が 50km/h 以下の第 1 種原動機付自転車を除く原付車の場合

（ア）前輪のみの制動の場合 $S \leqq 0.1 \cdot V + 0.0087 \cdot V^2$

（イ）後輪のみの制動の場合 $S \leqq 0.1 \cdot V + 0.0133 \cdot V^2$

（ウ）連動ブレーキでの制動の場合 $S \leqq 0.1 \cdot V + 0.0076 \cdot V^2$

（エ）連動ブレーキの補助ブレーキでの制動の場合 $S \leqq 0.1 \cdot V + 0.0154 \cdot V^2$

この場合において、

S は、停止距離の補正測定値（単位 m）

V は、規定制動初速度（単位 km/h）

②最高速度が 50km/h 以下の第 1 種原動機付自転車の場合

（ア）前輪のみの制動の場合 $S \leqq 0.1 \cdot V + 0.0111 \cdot V^2$

（イ）後輪のみの制動の場合 $S \leqq 0.1 \cdot V + 0.0143 \cdot V^2$

（ウ）連動ブレーキでの制動の場合 $S \leqq 0.1 \cdot V + 0.0087 \cdot V^2$

（エ）連動ブレーキの補助ブレーキでの制動の場合 $S \leqq 0.1 \cdot V + 0.0154 \cdot V^2$

この場合において、

S は、停止距離の補正測定値（単位 m）

V は、規定制動初速度（単位 km/h）

（2）減速度で判定をする場合

3.2.1. の試験を行ったとき、平均飽和減速度は、次の値に適合すること。

①最高速度が 50km/h 以下の第 1 種原動機付自転車原付車を除く原付車の場合

（ア）前輪のみの制動の場合 4.4m/s^2 以上

（イ）後輪のみの制動の場合 2.9m/s^2 以上

（ウ）連動ブレーキでの制動の場合 5.1m/s^2 以上

（エ）連動ブレーキの補助ブレーキでの制動の場合 2.5m/s^2 以上

②最高速度が 50km/h 以下の第 1 種原動機付自転車の場合

（ア）前輪のみの制動の場合 3.4m/s^2 以上

（イ）後輪のみの制動の場合 2.7m/s^2 以上

（ウ）連動ブレーキでの制動の場合 4.4m/s^2 以上

（エ）連動ブレーキの補助ブレーキでの制動の場合 2.5m/s^2 以上

4.2.2.　常温時高速制動試験

（1）停止距離で判定する場合

3.2.2. の試験を行ったとき、停止距離は、次の計算式に適合すること。

$S \leqq 0.1 \cdot V + 0.0067 \cdot V^2$

この場合において、

S は、試験における停止距離の補正測定値（単位 m）

V は、試験における制動初速度の規定値（単位 km/h）

（1）減速度で判定する場合

3.2.2. の試験を行ったとき、平均飽和減速度は、5.8m/S^2 以上であること。

4.2.3.　フェード試験

3.2.2. の試験を行ったとき、試験原付車は走行可能な状態であること。

4.2.3.1.　高温時制動試験

（1）停止距離で判定する場合

3.2.3.4. の試験を行ったとき、停止距離は次の計算式に適合すること。

この場合において、

S_{hs} は、3.2.3.4. の試験における停止距離の補正測定値（単位 m）

V_{hs} は、3.2.3.4. の試験における制動初速度の規定値（単位 km/h）

S_c は、3.2.3.2. の試験における停止距離の測定値（単位 m）

V_c は、3.2.3.2. の試験における制動初速度の測定値（単位 km/h）

（2）減速度で判定する場合

3.2.3.4. の試験を行ったとき、平均飽和減速度は、次の計算式に適合すること。

$d_h \geqq 0.6 \cdot d_c$

この場合において、

d_h は、3.2.3.4. の試験における平均飽和減速度の測定値（単位 m/s^2）

d_c は、3.2.3.2. の試験における平均飽和減速度の測定値（単位 m/s^2）

4.2.4. 湿潤時性能試験

3.2.4. の試験を行ったとき、減速度は次の（1）及び（2）の計算式に適合すること。

（1）$d_{w1} \geqq 0.6 \cdot d_{d1}$

この場合において、

d_{W1} は、3.2.4.4. の試験における制動操作開始後 0.5 秒から 1.0 秒までの平均減速度（単位 m/s^2）

dd1 は、3.2.4.2. の試験における制動操作開始後 0.5 秒から 1.0 秒までの平均減速度（単位 m/s^2）

(2) $d_{W2} \leqq 1.2 \cdot d_{d2}$

この場合において、

dW2 は、3.2.4.4. の試験における最大減速度（停止直前の 0.5 秒間は除く。）（単位 m/s2）

d_{d2} は、3.2.4.2. の試験における最大減速度（停止直前の 0.5 秒間は除く。）（単位 m/s2）

4.2.5.　車輪ロック確認試験

3.2.5. の試験を行ったとき、低 μ 路及び高 μ 路ともそれぞれ 2 回の試験結果については、試験二輪車の完全停止に至るまで、試験二輪車の転倒又は転倒防止の接地に至る車輪ロックを起こさないこと。

4.3.　故障時主制動装置

4.3.1.　ABS 故障時制動試験及び ABS 故障警報装置の作動確認試験

（1）ABS 故障時制動試験

（ア）最高速度が 50km/h 以下の第 1 種原動機付自転車を除く原付車の場合

①停止距離で判定する場合

3.3.1. の試験を行った時、停止距離は、次の計算式に適合すること。

$S \leqq 0.1 \cdot V + 0.0133 \cdot V^2$

この場合において、

S は、試験における停止距離の補正測定値（単位 m）

V は、試験における制動初速度の規定値（単位 km/h）

②減速度で判定する場合

3.3.1. の試験を行ったとき、平均飽和減速度は 2.9m/s2 以上であること。

（イ）最高速度が 50km/h 以下の第 1 種原動機付自転車の場合

①停止距離で判定する場合

3.3.1. の試験を行ったとき、停止距離は、次の計算式に適合すること。

S≦0.1·V+0.0143·V

この場合において、

S は、試験における停止距離の補正測定値（単位 m）

V は、試験における制動初速度の規定値（単位 km/h）

②減速度で判定する場合

3.3.1. の試験を行ったとき、平均飽和減速度は 2.7m/s^2 以上であること。

（2）ABS 故障時の警報装置の作動確認試験

3.3.1. の試験を行ったとき、イグニッションスイッチが ON の位置にある限り、次の①及び②の基準に適合するランプにより、警報すること。

①ランプの灯光は、日中容易に確認できる明るさを有し、黄色、橙色又は赤色であり、かつ、運転者が容易に確認できる位置にあること。

②ランプの灯光は、他の警報と明らかに判別できるものであること。ただし、他の制動装置に係わる警報とは兼用であってもよい。

4.4.　駐車制動装置

4.4.1.　駐車性能試験

3.4.1. の試験を行ったとき、試験原付車は停止状態を維持すること。

TRIAS99-017-02

電動機最高出力及び定格出力試験

1.　総則

電動機最高出力試験及び電動機定格出力試験の実施にあたっては、本規定によるものとする。

2.　供試電動機及び制御装置

2.1　電動機の整備

供試電動機及び制御装置は、点検整備要領等によって整備され、充分なすり合わせ運転が行われていること。

2.2　電動機及び制御装置の附属装置

附属装置は、次のものをいい、付表 1 に記入する。

(1) 冷却系装置

(2) 潤滑系装置

(3) センサ類（温度、回転速度）

(4) その他

2.3　変速機の取扱い

変速機は取付けない。ただし、車両構成上変速機を切り離して運転出来ない電動機の場合、又は動力吸収装置との直結が困難な電動機の場合は、変速機を取付けることが出来る。この場合、変速比及び伝達効率は明確なものであること。

2.4　巻線部位の温度計の取付け

巻線のコイルエンド附近に 3 箇所以上 6 箇所以下の温度計を円周方向に適当に分布し、軸方向には温度が最高と思われる箇所に取付ける。

3.　試験条件

3.1　電源

電源には、電動機の最高出力時及び定格出力時に制御装置の入力として必要な電力に対して、充分な電力の供給ができる出力容量をもつ直流定電圧電源を使用する。制御装置への入力印加電圧は車両での公称電池電圧とし、各付表に記入する。上記に規定する直流定電圧電源が、設備面の制約等で使用不可能な場合には、電池を使用してもよいものとする。

3.2　配線

電動機及び制御装置の間の配線は、車両搭載時の仕様に準じるものとする。ただし、制御装置及び電源の間の配線は、特に車両搭載時の仕様に準じなくてよい。

3.3　動力吸収装置

電動機の軸出力は、動力計又は動力吸収用の発電機によって、負荷を制御出来るように構成する。

3.4　附属装置

車両搭載時に準じるものとする。

3.5　試験場所

試験室内において、外部からの直射日光やその他の熱の影響のない場所で試験する。

3.6　室温

定格出力試験においては、電動機から 1～2m 隔たった箇所で電動機の床上高さのほぼ中央の地点の室温を測定する。温度計は直射日光、電動機の放射熱の影響の無いよう設置する。試験時の室温は、293～303K（20～30 ℃）を空調装置等を用いて維持する。試験開始時と終了時の室温を付表に記入する。単位は K 又は℃で表示する。

3.7　試験前電動機及び冷却液温度

定格出力試験においては、試験開始前の電動機及び冷却液（液冷の場合）の温度は 293～303K（20～30 ℃）であること。

4.　測定機器

測定機器は、それぞれ次に掲げる精度をもち、かつ、予め定められた取扱い要領に基づいて点検・整備・校正されたものを使用する。

(1) 駆動トルクの測定装置の精度は、試験電動機の最大トルクの±１%以内であること。

(2) 回転速度の測定装置の精度は、試験電動機の最大回転速度±0.5 %以内であること。

(3) 電圧計の精度は、被測定電圧の±１%以内であること。

(4) 温度計の精度は、室温用は±1K（±1 ℃）以内、その他は±2K（±2 ℃）以内であること。

5.　電動機最高出力試験方法

5.1 の運転方法によって供試電動機を運転し、5.2の測定項目について測定する。

5.1　運転方法

動力吸収装置を十分暖機した後に実施する。

5.1.1　出力の設定

供試電動機の出力の設定は、アクセル全開相当によって行う。

5.1.2　試験回転速度

試験回転速度は、停止状態（0min−1）から最高回転までの間で、出力（トルク）曲線等を明確に定めるのに必要なだけ設定された目標回転速度の±1％又は±10min−1 {rpm} のいずれか大きい方の範囲内に設定すること。冷却のため部分的に減速してもよい。電動機温度を下げた後再び目標回転速度まで上げて試験をする。

5.1.3　冷却系の設定

冷却系は、車両仕様の冷却装置を用い、その装置のもつ最大冷却能力で運転することが出来る。

5.2　測定項目

5.2.1　軸トルク

供試電動機の軸トルク及び回転速度が安定したことを確認した後、動力吸収装置の制動荷重又は軸トルクを読み取る。供試電動機と動力吸収装置が変速機を介して接続されている場合は、読み取った値を変速機の総伝達効率及び総変速比で除する。

5.2.2　試験回転速度

試験回転速度の測定は、供試電動機出力軸の回転速度又は動力計の回転速度を読み取ることによって行う。

供試電動機と動力吸収装置が変速機を介して接続されている場合において動力吸収装置の回転を読み取った値に変速比を乗ずることによって行う。

5.2.3　供試制御装置の入力電圧

入力電圧を測定する。

5.2.4　供試電動機及び制御装置の温度

5.1 で規定される運転状態において、各試験回転速度での軸トルク測定と同時に巻線度等を参考値として測定し、付表 1-1 に記入する。

5.2.5　室温及び冷却液

室温は、試験開始時及び終了時に測定する。冷却液温度（液例の場合）は試験開始時のみ測定し付表 1-1 に記入する。

6.　電動機軸出力計算式

6.1　供試電動機の軸出力

電動機の軸出力は、下式によって算出する。

P＝2πTN/(60×1000)

ここに、

P：電動機軸出力（kW）

T：電動機軸トルク（Nm）

N：電動機回転速度（min－1）又は（rpm）

7.　電動機出力試験記録及び成績

試験記録及び成績は、該当する付表 1-1 の様式に記入する。

7.1　当該試験時において該当しない箇所には斜線を引くこと。また、使用しない単位については二重線で消すこと。

7.2　記入欄は、順序配列を変えない範囲で伸縮することができ、必要に応じて追加してもよい。

7.3　付表 1-2 には供試電動機軸トルク、軸出力の関係を図示すること。

8.　電動機定格出力試験方法

この試験は、事前に自動車製造業者が指定する回転速度で測定する。試験に先立ち、公称電圧及び定格出力値を付表 2 に記入しておく。

8.1　試験手順

この試験は動力計又はトルク計及び回転速度計、温度計並びに電圧計を接続して行い、運転条件は次のとおりとする。

(1) 動力吸収装置は十分暖機した後に実施する。

(2) 定電圧電源の出力電圧を指定の電圧に合わせる。

(3) 巻線温度を確認する。

(4) 電動機を始動し、回転速度及び軸トルクを速やかに上昇させ、軸出力（定格値）を一定に保つ。

(5) 回転速度は目標値の±1 %又は±10min－1 {rpm} の大きい方の範囲内に

設定する。

(6) 軸出力が申請した定格出力値の±5％に収まるように軸トルクを調整する。

(7) 冷却系は、車両仕様の冷却装置を用い以下の運転条件とする。

・冷却装置の制御はメーカ指定による

・冷却装置の吸入側の温度は 293～303K（20～30℃）とする。（冷却装置の吸入側の温度は、空冷の場合は室温を、液冷の場合は冷却装置直前の吸入空気温度を意味する）

・車速相当の走行風による冷却はなしとする。

(8) 上記軸出力状態を維持し、出力値設定完了後から 1 時間の温度上昇値を確認する。

8.2　測定項目

この試験で測定を行う項目は次のとおりとし、その記録は付表 2 に記入する。

(1) 試験の始めと終わりに測定するもの

室温・冷却液温度（液冷の場合）・巻線温度・電圧・軸出力・試験開始及び終了時刻。

但し冷却液温度（液冷の場合）は試験開始時のみでよい。

(2) 試験の時間経過で測定するもの

軸出力・巻線温度・電圧。なお、振動、音響、液漏れ等の運転状況を観察し、記録する。

測定時間刻み（開始時、5 分後、10 分後、20 分後、30 分後、45 分後、50 分後、55 分後、60 分後）

(3) その他

巻線温度以外の条件で定格出力が決まる場合、付表 2 の 2. 試験成績のその他の欄に部位名と試験結果を記載すること。

8.3　温度測定方法

巻線温度の測定は埋込温度計法とする。

9.　電動機軸出力計算式

9.1　供試電動機の軸出力

電動機の軸出力は、下式によって算出する。

$P=2\pi TN/(60\times1000)$

ここに、P：電動機軸出力（kW）

T：電動機軸トルク（Nm）

N：電動機回転速度（min－1）又は（rpm）

10.　電動機定格出力試験記録及び成績

試験記録及び成績は、**表 A2-5** の様式に記入する。

10.1　当該試験時において該当しない箇所には斜線を引くこと。また、使用しない単位については二重線で消すこと。

10.2　記入欄は、順序配列を変えない範囲で伸縮することができ、必要に応じて追加してもよい。

11.　電動機定格出力試験判定基準

試験結果による温度上昇値（60 分後の巻線温度—試験開始時の巻線温度）のうち、全測定点の最大値が下表に定める温度上昇限度の＋5K（5℃）以内にあり、8. であらかじめ記載していた値を満足していることとする。

表 A2-5

耐熱クラス	A	E	B	F	H	200	220	250
温度上昇限度	65 (65)	80 (80)	85 (85)	110 (110)	130 (130)	150 (150)	165 (165)	195 (195)
参考 許容最高温度	378 (105)	393 (120)	403 (130)	428 (155)	453 (180)	473 (200)	493 (220)	523 (250)

単位　K(℃)

付表 1-1　電動機最高出力の試験記録及び成績……省略

付表 1-2　電動機最高出力性能曲線図……省略

付表 2　電動機定格出力の試験記録及び成績……省略

appendix 3

サスペンションの振動特性計算式

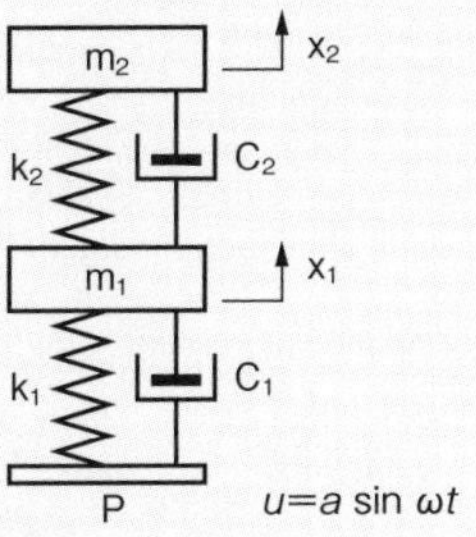

図 A3-1
（出所：筆者）

図 A3-1 の**2 自由度系**で、床を $u=a\sin\omega t$ で変位加振した場合を考えます。

$$m_1\ddot{x}_1+C_1(\dot{x}_1-\dot{u})+C_2(\dot{x}_1-\dot{x}_2)+k_1(x_1-u)+k_2(x_1-x_2)=0$$

$$m_2\ddot{x}_2-C_2(\dot{x}_1-\dot{x}_2)-k_2(\dot{x}_1-\dot{x}_2)=0$$

変数で整理すると

$$m_1\ddot{x}_1+(C_1+C_2)\dot{x}_1-C_2\dot{x}_2+(k_1+k_2)x_1-k_2x_2=C_1\dot{u}+k_1u$$

$$m_2\ddot{x}_2+C_2\dot{x}_2+k_2\dot{x}_2-C_2\dot{x}_1-k_2\dot{x}_1=0$$

$u=\sin\omega t$ であるが複素表示して $u=ae^{i\omega t}$ とおくと

外力項は $C_1\dot{u}+k_1u=C_1i\omega ae^{i\omega t}+k_1ae^{i\omega t}=(iaC_1\omega+ak_1)e^{i\omega t}$

となり、$x_1=A_1e^{i\omega t}$　$x_2=A_2e^{i\omega t}$ とおくと

$$\{(-m_1\omega^2+k_1+k_2)+i(C_1+C_2)\omega\}A_1-(k_2+iC_2\omega)A_2=iaC_1\omega+ak_1$$

$$-(k_2+iC_2\omega)A_1+\{(-m_2\omega^2+k_2)+iC_2\omega\}A_2=0$$

$x_1\neq0$ *and* $x_2\neq0$ のとき

$$A_1=\frac{(iaC_1\omega+ak_1)\{(-m_2\omega^2+k_2)+iC_2\omega\}}{\{(-m_1\omega^2+k_1+k_2)+i(C_1+C_2)\omega\}\{(-m_2\omega^2+k_2)+iC_2\omega\}-(k_2+iC_2\omega)^2}$$

$$=a\frac{k_1(-m_2\omega^2+k_2)-C_1C_2\omega^2+i\{C_1\omega(-m_2\omega^2+k_2)+k_1C_2\omega\}}{\{m_1m_2\omega^4-\omega^2(m_1k_2+m_2k_1+m_2k_2+C_1C_2)+k_1k_2\}+i\omega\{(-m_1\omega^2+k_1)C_2-m_2\omega^2(C_1+C_2)+k_2C_1\}}$$

$$|A_1|=a\sqrt{\frac{\{k_1(-m_2\omega^2+k_2)-C_1C_2\omega^2\}^2+\{\omega(-m_2C_1\omega^2+k_2C_1+k_1C_2)\}^2}{\{m_1m_2\omega^4-\omega^2(m_1k_2+m_2k_1+m_2k_2+C_1C_2)+k_1k_2\}^2+\omega^2\{(-m_1\omega^2+k_1)C_2-m_2\omega^2(C_1+C_2)+k_2C_1\}^2}}$$

$$A_2=\frac{(iaC_1\omega+ak_1)\{k_2+iC_2\omega\}}{\{(-m_1\omega^2+k_1+k_2)+i(C_1+C_2)\omega\}\{(-m_2\omega^2+k_2)+iC_2\omega\}-(k_2+iC_2\omega)^2}$$

$$=a\frac{k_1k_2-C_1C_2\omega^2+i(C_1\omega k_2+k_1C_2\omega)}{\{m_1m_2\omega^4-\omega^2(m_1k_2+m_2k_1+m_2k_2+C_1C_2)+k_1k_2\}+i\omega\{(-m_1\omega^2+k_1)C_2-m_2\omega^2(C_1+C_2)+k_2C_1\}}$$

$$|A_2|=a\sqrt{\frac{(k_1k_2-C_1C_2\omega^2)^2+(C_1\omega k_2+k_1C_2\omega)^2}{\{m_1m_2\omega^4-\omega^2(m_1k_2+m_2k_1+m_2k_2+C_1C_2)+k_1k_2\}^2+\omega^2\{(-m_1\omega^2+k_1)C_2-m_2\omega^2(C_1+C_2)+k_2C_1\}^2}}$$

となり、床の変位 a に対して振動がどれだけ伝達しているかが分かる。

接地荷重 F は下記のようになる。

$$F=C_1(\dot{x}_1-\dot{u})+k_1(x_1-u)=C_1i\omega(A_1-a)e^{i\omega t}+k_1(A_1-a)e^{i\omega t}$$

$$=(C_1i\omega+k_1)(A_1-a)e^{i\omega t}$$

$$|F|=|A_1-a||C_1i\omega+k_1|$$

$$=|A_1-a|\sqrt{(C_1\omega)^2+k_1{}^2}$$

ここで a=1 とすると

$$|F|=|A_1-1||C_1i\omega+k_1|$$

$$=|A_1-1|\sqrt{(C_1\omega)^2+k_1{}^2}$$

$$=\left|\frac{k_1(-m_2\omega^2+k_2)-C_1C_2\omega^2+i\{C_1\omega(-m_2\omega^2+k_2)+k_1C_2\omega\}}{\{m_1m_2\omega^4-\omega^2(m_1k_2+m_2k_1+m_2k_2+C_1C_2)+k_1k_2\}+i\omega\{(-m_1\omega^2+k_1)C_2-m_2\omega^2(C_1+C_2)+k_2C_1\}}-1\right|\sqrt{(C_1\omega)^2+k_1{}^2}$$

$$=\left|\frac{-\{m_1m_2\omega^4-\omega^2(m_1k_2+m_2k_2)\}+i\omega\{(-m_1\omega^2)C_2-m_2\omega^2(C_2)\}}{\{m_1m_2\omega^4-\omega^2(m_1k_2+m_2k_1+m_2k_2+C_1C_2)+k_1k_2\}+i\omega\{(-m_1\omega^2+k_1)C_2-m_2\omega^2(C_1+C_2)+k_2C_1\}}\right|\sqrt{(C_1\omega)^2+k_1{}^2}$$

$$=\sqrt{\frac{\{m_1m_2\omega^4-\omega^2(m_1k_2+m_2k_2)\}^2+\omega^2\{(-m_1\omega^2)C_2-m_2\omega^2(C_2)\}^2}{\{m_1m_2\omega^4-\omega^2(m_1k_2+m_2k_1+m_2k_2+C_1C_2)+k_1k_2\}^2+\omega^2\{(-m_1\omega^2+k_1)C_2-m_2\omega^2(C_1+C_2)+k_2C_1\}^2}}\sqrt{(C_1\omega)^2+k_1{}^2}$$

上式に下記の値を入れて Excel で計算します。

m1=25　　m2=200

k1=200000　　k2=20000

c1=0　　c2=1000

f (Hz)	ω=2πf	A1	A2	F
0.1	0.628319	1.000446	1.004407	89.17882
0.2	1.628319	1.003064	1.030196	612.7854

0.3	2.628319	1.008343	1.081757	1668.703
0.4	3.628319	1.017007	1.165151	3402.381
0.5	4.628319	1.030366	1.291083	6082.265
0.6	5.628319	1.05062	1.477084	10185.07
0.7	6.628319	1.080867	1.748365	16524.82
0.8	7.628319	1.122027	2.12195	26221.37
0.9	8.628319	1.155857	2.510594	39141.98
1	9.628319	1.127897	2.57088	49187.82
(中略)				
27.3	272.6283	0.120069	0.002211	223723
27.4	273.6283	0.119094	0.002185	223532.8
27.5	274.6283	0.118131	0.002159	223344.9
27.6	275.6283	0.11718	0.002134	223159.2
27.7	276.6283	0.116241	0.002109	222975.9
27.8	277.6283	0.115314	0.002085	222794.8
27.9	278.6283	0.114398	0.00206	222615.8
28	279.6283	0.113493	0.002037	222439
28.1	280.6283	0.112599	0.002014	222264.4

これをグラフに示します。**図 A3-2** は、ばね上とばね下の振動を表します。**図 A3-3** は**接地荷重**を表します。

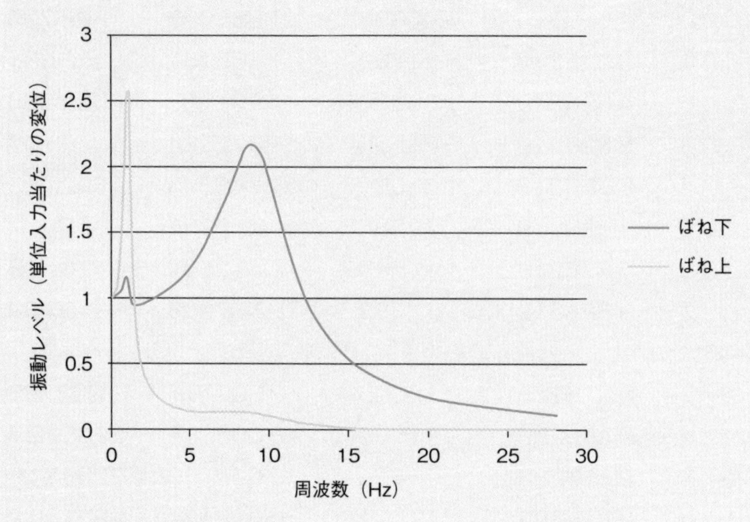

図 A3-2 ●ばね上とばね下の振動
（出所：筆者）

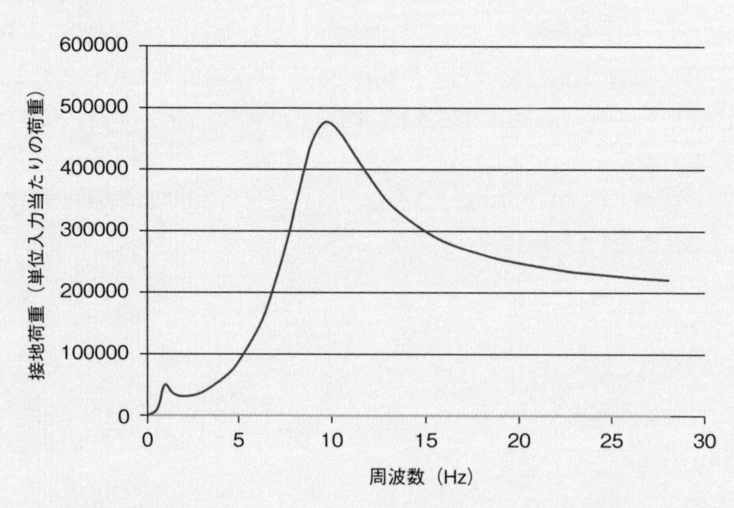

図 A3-3 ●接地荷重
（出所：筆者）

appendix 4

アッカーマンの計算式

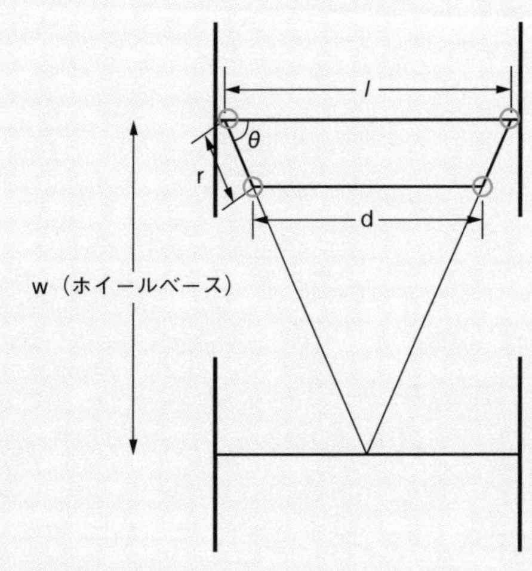

図 A4-1
（出所：筆者）

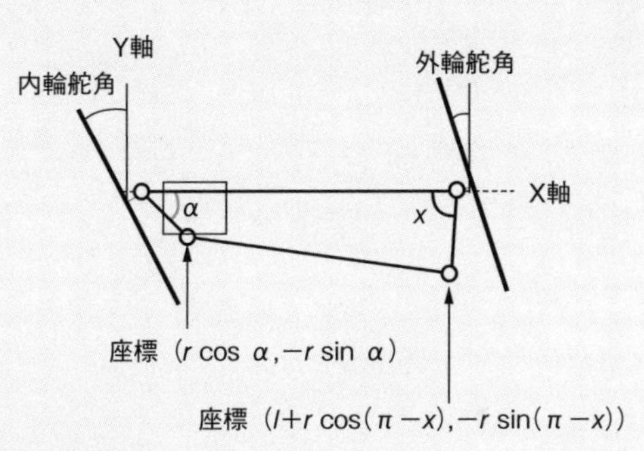

図 A4-2
（出所：筆者）

図A4-2において

$$d^2=\{l+r\cos(\pi-x)-r\cos\alpha\}^2+\{-r\sin\alpha+r\sin(\pi-x)\}^2$$

$$=r^2\cos^2(\pi-x)+\{l-r\cos\alpha\}^2+(l-r\cos\alpha)2r\cos(\pi-x)+r^2\sin^2\alpha+r^2\sin^2(\pi-x)-2r^2\sin\alpha\sin(\pi-x)$$

$$=r^2+l^2-2lr\cos\alpha+r^2\cos^2\alpha+(l-r\cos\alpha)2r\cos(\pi-x)+r^2\sin^2\alpha-2r^2\sin\alpha\sin(\pi-x)$$

$$=2r^2+l^2-2lr\cos\alpha+(l-r\cos\alpha)2r\cos(\pi-x)-2r^2\sin\alpha\sin(\pi-x)$$
$$=2r^2+l^2-2lr\cos\alpha+\sqrt{\{2r(l-r\cos\alpha)\}^2+(2r^2\sin\alpha)^2}\cos(\pi-x-\varphi)$$

ここに $\varphi=\tan^{-1}\dfrac{-2r^2\sin\alpha}{2lr-2r^2\cos\alpha}$

$$\therefore \pi-x-\varphi=\cos^{-1}\frac{d^2-(2r^2+l^2-2lr\cos\alpha)}{\sqrt{(2lr-2r^2\cos\alpha)^2+(2r^2\sin\alpha)^2}}$$

$$\therefore x=\pi-\varphi-\cos^{-1}\frac{d^2-(2r^2+l^2-2lr\cos\alpha)}{\sqrt{(2lr-2r^2\cos\alpha)^2+(2r^2\sin\alpha)^2}}$$

上記計算式を使い、**内輪舵角**と**外輪舵角**をExcelで計算します。例として、w〔ホイールベース（軸間距離）〕＝1.7m、l（エル）〔**キングピン**間距離（前輪車軸）〕＝1.2m、d（タイロッド長）＝1.12m、r（ナックルアーム長）＝0.12m、とすると θ は0.339292614ラジアンとなります。

図A4-3に計算結果のグラフを示します。

r ＝0.12
l ＝1.2
d ＝1.12
W＝1.7
θ ＝0.339292614

$$内輪舵角=\frac{\pi}{2}-\theta-\alpha \qquad 外輪舵角=x+\theta-\frac{\pi}{2}$$

$$\tan\theta=\frac{l}{2w}$$

それぞれの記号は**図A4-1**および**図A4-2**を参照

				アッカーマン		理想
α（度）	α（ラジアン）	φ（位相差）	x	内輪舵角	外輪舵角	外輪舵角
1	0.01745329	−0.00193912	1.8604652	69.5599652	36.03683961	42.8351267
2	0.03490659	−0.00387744	1.8618575	68.5599652	36.11661357	42.3104168
3	0.05235988	−0.00581416	1.8628848	67.5599652	36.17546972	41.7890275
4	0.06981317	−0.00774847	1.8635469	66.5599652	36.21340666	41.2706982
5	0.08726646	−0.00967958	1.8638442	65.5599652	36.23044061	40.755173
6	0.10471976	−0.01160669	1.8637772	64.5599652	36.22660514	40.2422005
7	0.12217305	−0.01352901	1.863347	63.5599652	36.20195083	39.731533
8	0.13962634	−0.01544575	1.8625545	62.5599652	36.15654488	39.2229265

（中略）

64	1.11701072	−0.09372469	1.3401624	6.55996517	6.225686069	6.07127447
65	1.13446401	−0.09434906	1.324036	5.55996517	5.301707113	5.20450974
66	1.15191731	−0.09494151	1.3076963	4.55996517	4.365515216	4.31787727
67	1.1693706	−0.09550202	1.2911414	3.55996517	3.416985082	3.41056658
68	1.18682389	−0.09603057	1.2743684	2.55996517	2.455968052	2.48174466
69	1.20427718	−0.09652713	1.2573746	1.55996517	1.482290382	1.53055695
70	1.22173048	−0.09699172	1.2401562	0.55996517	0.495751308	0.5561287

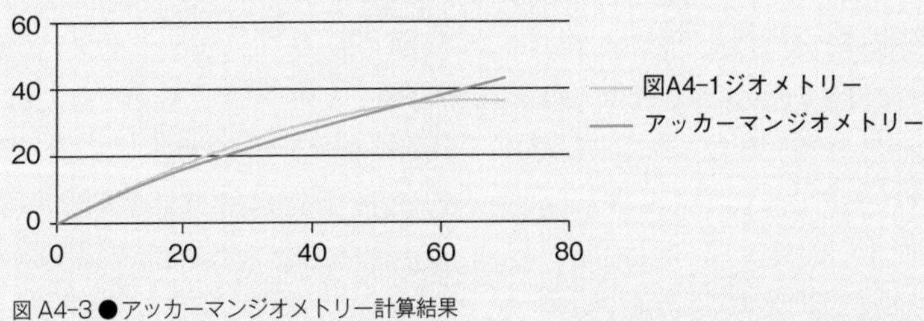

図 A4-3 ●アッカーマンジオメトリー計算結果
（出所：筆者）

appendix 5
モーターが回る原理

図 A5–1 は横軸を電気角とし、縦軸にトランジスタを示しています。それぞれのトランジスタ（図 A6–1 参照）によって発生する電圧が色分けされています。図 A5–1 の下部に、モーターの断面模式図を示しました。

モーターの中央には円状の永久磁石（ローター）があり、それを取り囲むように３個のコイルがあります。３個のコイルに電圧をかけることをコイルの**励磁**と呼び、これによって各コイルに S 極と N 極が発生します。それぞれの極が永久磁石の極と引き合ったり反発し合ったりすることによってローターが回転します。

例えば、**電気角** 60° では U のコイルに N 極（赤）ができ、V のコイルに S 極ができます。その結果、N 極（赤）同士が反発し、S 極（青）と N 極が引き合うことでローターが右方向に回転します。コイルの極は次々に変わり、ローターの回転を誘導します。実際の制御は中央の永久磁石の N 極と S 極の位置をホール IC によって検知し、それに応じてホール IC から Hi（高）または Low（低）の電圧が出力されます。この電圧をマイコンが 1 または 0 の信号値として受け取り、現在の磁石の位置情報を取得します。

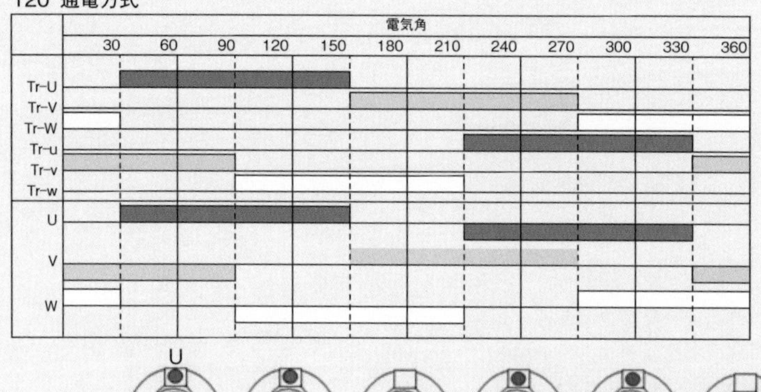

図 A5–1 ●電気角（横軸）と励磁（下部のイラスト）の関係
（出所：筆者）

appendix 6
交流モーター駆動回路（インバーター）

交流モーターには2種類あります。交流電圧を印加し、その周波数で同期して回る同期モーターと、少し遅い回転数で（いわゆる「すべり」を持って）回る**誘導電動機**です。

これらのモーターには、DCモーターとは違って整流子・ブラシがありません。ここで、整流子・ブラシと同じ動作をするのがインバーターです。インバーターにより、DCモーターのような可変速モーターと同じ特性を持たせているのです。ただし、DSP（デジタル信号プロセッサー）などの計算機内で、ベクトル制御という難しい制御も行わなければなりません。

図A6-1にインバーターの主回路を示します。出力は3相電圧で、ここに同期モーターを接続します。**PWM**（パルス幅変調）方式を使い、その出力電圧の大きさや周波数を制御します（**図A6-2**）。実際には、高い**搬送波周波数**と正弦波の電圧指令を比較することにより、低次高調波の少ない電圧波形にしています。

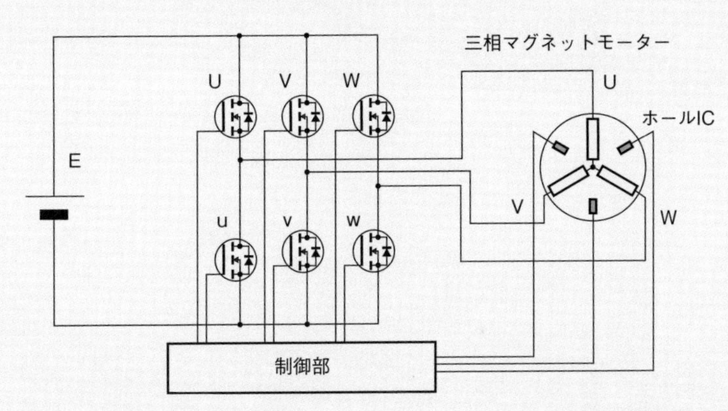

図A6-1 ●インバーターの主回路
（出所：筆者）

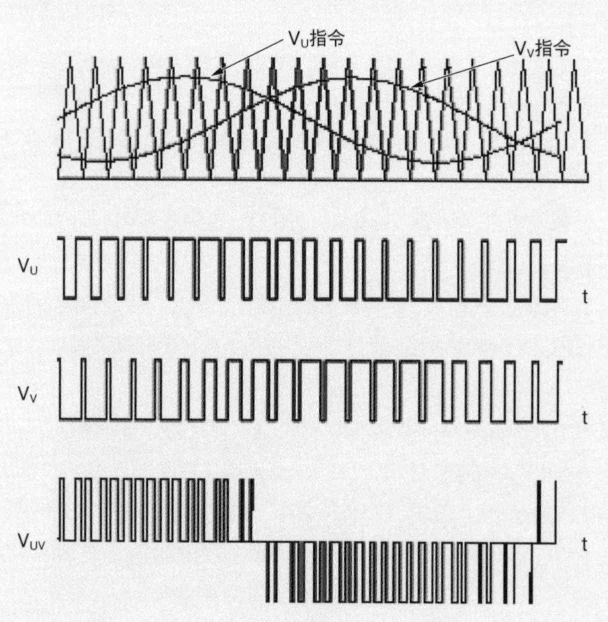

図 A6-2 ●インバーターの信号作成
（出所：筆者）

appendix 7
PWM制御

PWM制御とはPulse Width Modulation（パルス幅変調）制御の略称です。モーターへの電力のオン（On）とオフ（Off）のパルス幅（Pulse Width）を変更すること（変調）で、モーターへ供給する**平均電圧**を調整する制御です。

図A7-1に示すように、PWM制御では回路に組み込まれたスイッチをOnまたはOffする時間を調整することで、モーターに与える電圧を制御します。

図A7-2は、PWM制御によるモーターの供給電圧を示したものです。同図の上段に示すように、スイッチのOn時間と電圧を積分して平均した電圧が、実際にモーターに供給される電圧となります。Onの時間が長ければ平均電圧も高くなり（低出力：同図の左側）、Onの時間が短ければ平均電圧も低くなります（高出力：同図の右側）。

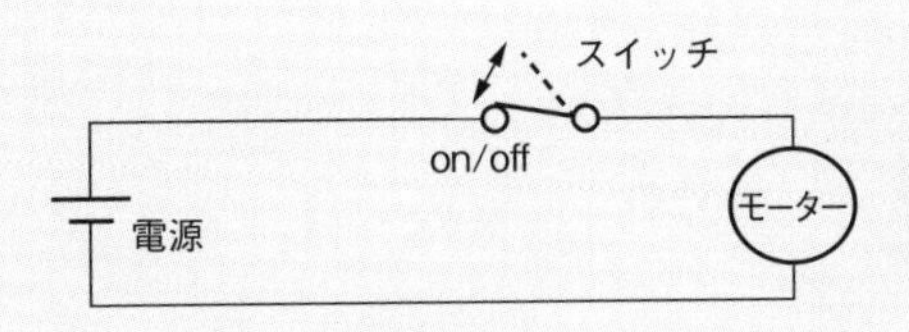

図A7-1●PWM制御の実現回路
（出所：筆者）

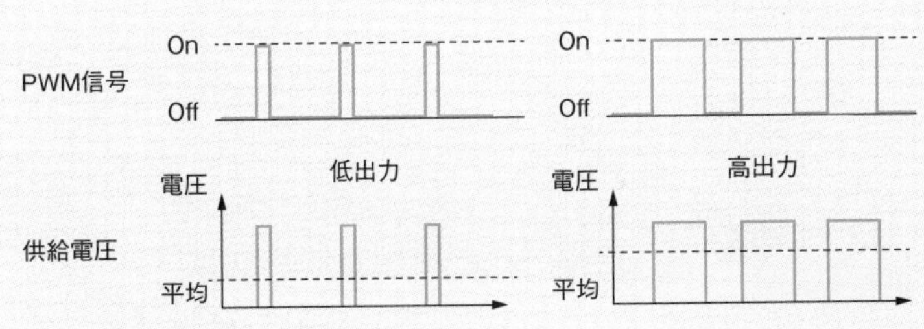

図A7-2●PWM制御による供給電圧
（出所：筆者）

参考文献

・齋藤孟，山中旭，『自動車の基本計画とデザイン』，山海堂，2005年.

・A.T.カーニー川原英司ほか，『電気自動車が革新する企業戦略』，日経BP.

・群馬大学資料「生産設計」.

・群馬大学工学部生産システム工学科　白石研究室　卒業論文.

・自動車技術会編，『新編自動車工学ハンドブック』，1970年.

・『自動車工学便覧』，自動車技術会，1974年.

・『自動車技術ハンドブック』，自動車技術会，2015年.

・『電気自動車ハンドブック』，丸善出版，2001年.

・影山夙，『図説 四輪駆動車』，山海堂，2000年.

・堀洋一，寺谷達夫，正木良三，『自動車用モータ技術』，日刊工業新聞社，2003年.

・『理科年表 平成30年』，丸善出版.

・国土交通省，道路運送車両の保安基準，https://www.mlit.go.jp/jidosha/jidosha_fr7_000007.html.

・AIST人体寸法データベース1997-98，統計量，https://www.airc.aist.go.jp/dhrt/97-98_Statistics.pdf.

・国土技術政策総合研究所，http://www.nilim.go.jp/lab/bcg/siryou/tnn/tnn0180pdf/ks0180013.pdf.

・SAE J826，https://law.resource.org/pub/us/cfr/ibr/005/sae.j826.1995.pdf.

・ヤマハ発動機，「パッソル」広報資料，2005年.

おわりに

　ここで紹介したマイクロEVの造り方は「群馬大学次世代EV研究会」の活動の一環として製作したEVの製作過程をまとめたものです。本研究会は大学をはじめ群馬大学理工学部が所在する桐生市の近隣の企業の技術者が主なメンバーになっています。製作に当たっては著者の出身母体でもある富士重工業をリタイアしたメンバーが中心になりましたが、電気関係は当時の三洋電機で活躍した方々に協力をいただきました。EVの製作計画は環境問題に端を発しており、できるだけ軽量で小さいEVを目標にしました。メインの素材をアルミニウム合金より軽い難燃性マグネシウム合金としたため全ての部品を手作りする必要がありました。ものを手っ取り早く作るには既存の市販品を利用するのが一般的ですが、難燃性マグネシウム合金を使った車両部品は市販されていません。大掛かりな設備がない中での部品の手作りは難航し、多くの時間と労力を要しました。しかし、全て（パワーユニットは除く）を手作りしたことはEVの本質を理解する上で大いに役に立ちました。また予算も少ないため、さまざまな努力をしました。例えばボディー（外板）の製作を業者に依頼すると600万円以上の費用がかかります。自分たちで造れば材料費だけで済むので、初めての試みでしたが挑戦しました。こうした挑戦から得たものも大きかったと思います。

　EVに限らず、ものを造ろうとすると必ず障害があります。予算がない、設備がない、労力が足りない、環境が整ってない（夏は暑過ぎ、冬は寒過ぎ）など、数えたらキリがありません。大学における「ものづくり」の授業では学生に「できない理由を挙げるな！」と指導しています。

本書の執筆に当たり元富士重工業の高瀬章氏をはじめ元三洋電機時崎久氏、大朏孝郎氏、シンクトゥギャザー社長（元富士重工業）宗村正弘氏に多大な協力をいただきました。また日経BP近岡裕氏およびサンク松岡りか氏の御尽力に対し厚くお礼を申し述べます。

2021年9月　松村修二

マイクロEVの造り方から学ぶ 電動車の本質

EVの教科書

2021年10月4日　第1版第1刷発行

著者　松村修二
発行者　吉田琢也
発行　日経BP
発売　日経BPマーケティング
〒105-8308 東京都港区虎ノ門4-3-12
編集　松岡りか、近岡 裕
デザイン　Oruha Design
制作　美研プリンティング
印刷・製本　図書印刷

© Matsumura Shuji 2021 Printed in Japan
ISBN978-4-296-11047-6
本書の無断複写・複製（コピー等）は、著作権法上の例外を除き、禁じられています。
購入者以外の第三者による電子データ化及び電子書籍化は、私的使用を含め一切認められておりません。

本書籍に関するお問い合わせ、ご連絡は下記にて承ります。
https://nkbp.jp/booksQA